Faith Kolo

Perspectivas em matéria de cibersegurança e Business Intelligence: uma dupla perspetiva

Faith Kolo

Perspectivas em matéria de cibersegurança e Business Intelligence: uma dupla perspetiva

Estratégias de deteção de intrusão e técnicas de previsão de vendas

ScienciaScripts

Imprint

Cover image: www.ingimage.com

This book is a translation from the original published under ISBN 978-620-7-45084-8.

Publisher:
Sciencia Scripts
is a trademark of
Dodo Books Indian Ocean Ltd. and OmniScriptum S.R.L publishing group

120 High Road, East Finchley, London, N2 9ED, United Kingdom
Str. Armeneasca 28/1, office 1, Chisinau MD-2012, Republic of Moldova, Europe
Printed at: see last page
ISBN: 978-620-7-91291-9

Conteúdo

PARTE I

ANÁLISE DO
SISTEMA DE DETECÇÃO DE INTRUSÕES BASEADO NO ANFITRIÃO E NA REDE
UTILIZANDO OSSEC, SNORT E KIBANA

por

Fé Kolo

DECLARAÇÃO DO PROBLEMA

A análise dos registos é um dos aspectos mais negligenciados da deteção de intrusões. Hoje em dia, vemos software antivírus instalado em todos os computadores de secretária, empresas com várias firewalls e até simples utilizadores finais que compram as mais recentes ferramentas relacionadas com a segurança. Mas quem está a monitorizar toda a informação que estas ferramentas geram? Ou, pior ainda, quem está a vigiar o servidor Web, o servidor de correio eletrónico ou os registos de autenticação? Muitos ataques não teriam acontecido (ou teriam sido travados muito mais cedo) se os administradores se preocupassem em monitorizar os seus registos.

Os sistemas de deteção de intrusões (IDS) têm por objetivo detetar ataques contra sistemas e redes informáticas ou, em geral, contra sistemas de informação. O objetivo básico de um IDS é proteger o sistema contra malware e o acesso não autorizado a uma rede ou a um sistema. A deteção de intrusões é classificada em dois tipos: IDS de rede e IDS baseado em anfitrião.

Neste trabalho de investigação, abordamos o âmbito de ambos os tipos e a análise dos seus resultados, bem como a sua comparação. Para o efeito, são utilizados o OSSEC e o Snort.

INTRODUÇÃO

Um sistema de deteção de intrusões é uma aplicação de hardware e software que monitoriza várias redes e sistemas para detetar intrusões, pacotes de rede, análise de kits de raiz e até registos do sistema, e comunica estas observações ao servidor principal ou mantém registos na máquina. O IDS controla a rede e o sistema em busca de vários ataques (eventos maliciosos) que podem invadir e destruir o sistema em funcionamento. Os vários tipos de ataques incluem o ataque de scanning, o ataque de negação de serviço e o ataque de penetração.

O HIDS é o primeiro tipo de IDS e a sua principal função é a monitorização interna de um computador ou máquina, mas, atualmente, muitos HIDS foram desenvolvidos e podem ser utilizados para monitorizar a rede. O HIDS determina se um sistema foi comprometido e alerta os administradores em conformidade. O OSSEC é utilizado nesta investigação para observar as características do HIDS. Trata-se de uma ferramenta de código aberto que efectua a análise de registos, a verificação da integridade dos ficheiros, a monitorização de políticas, a deteção de root-kits, o alerta em tempo real e a resposta ativa.

Um NIDS monitoriza e analisa o tráfego de rede para proteger um sistema contra ameaças baseadas na rede. Lê todos os pacotes de entrada e procura quaisquer padrões suspeitos. Quando uma ameaça é encontrada, dependendo da sua gravidade, o sistema pode atuar, por exemplo, notificando um administrador ou bloqueando o acesso do endereço IP de origem à rede. O Snort é uma ferramenta de código aberto, concebida para NIDS e sistemas de prevenção (NIPS). O Snort pode funcionar em três modos: sniffer, registo de pacotes e deteção de intrusão na rede; estes modos incluem o rastreio de pacotes em tempo real, a compilação de informações em registos e o funcionamento como sistema de prevenção.

DECLARAÇÃO DE SOLUÇÃO

A análise de registos é muito viável com a configuração do que pretende ver quando executa o seu HIDS, NIDS, Web, etc. Tudo o que é executado tem algum tipo de registo que pode ser definido ou analisado. Os processos ou acções ocorrem na aplicação ou no sistema e, em seguida, é criado um ficheiro de registo para mostrar o que aconteceu e a que horas, de modo a que, quando se olha para os registos, se veja quais foram as actividades passadas e recentes que aconteceram. Por exemplo, ao executar o OSSEC e o SNORT, definimos regras sobre o que queríamos ver nos registos e quando executamos essas acções que se destinam a ser lidas.

É apresentada uma descrição da ação no registo.

ARQUITECTURA DO AMBIENTE VIRTUAL COM O SNORT E O OSSEC INSTALADOS

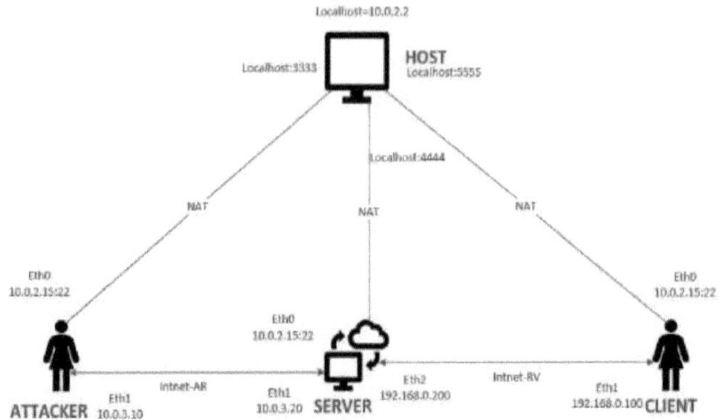

As três máquinas virtuais utilizadas neste projeto de investigação foram criadas com o oracle VM VirtualBox versão 6.1.18. Nas máquinas atacante e servidor, está instalado o Debian, e na máquina cliente, está instalado o Ubuntu. Assegurámos que a rede está bem configurada e que as três máquinas virtuais conseguem comunicar entre si.

Criação de ambiente para (HIDS) - OSSEC

Em primeiro lugar, começamos por configurar o Host Based-IDS, utilizamos a ferramenta OSSEC como Host Based IDS, deve haver um servidor no qual o servidor OSSEC está instalado e este sistema deve ser baseado em Linux, uma vez que é um requisito da ferramenta OSSEC, o Cliente OSSEC deve ser instalado em todos os computadores que estão ligados na rede para além do servidor, devem estar ligados entre si através da LAN, o que cria um ambiente com um Host e todos os outros sistemas como clientes.

Instalamos e configuramos o OSSEC utilizando os comandos:

- Wget-http://www.ossec.net/files/ossec-hids- 2.1.1.tar.gz
- tar zxvf ossec-hids-2.1.1.tar.gz
- cd ossec-hids-2.1.1
- sudo ./install.sh

Para uma instalação básica num único servidor, seleccione 'local'. Isto cria uma única instalação para monitorizar apenas o servidor e a instalação será efectuada em /var/ossec. Ser-lhe-ão feitas perguntas SIM/NÃO para vários pontos de controlo e terá de selecionar se pretende configurar esse ponto de controlo ou não; se for selecionado "sim" para a resposta ativa, é adicionada a capacidade de prevenção de intrusões. Para executar os agentes de gestão, temos de executar o seguinte comando no servidor OSSEC como utilizador raiz: # /var/ossec/bin/manage_agents.

Depois de executar o comando acima, é necessário executar estas quatro acções:

1) Adicionar um agente: Para adicionar um agente, digite A no ecrã inicial, forneça um nome para o agente, depois atribua um endereço IP específico para o agente e a última informação a ser adicionada será o ID do agente. Depois disso, o manage agents anexa as informações do agente a /var/ossec/etc/client.

2) Extração da chave de um agente: Após adicionar um agente, é criada uma chave para o

agente que deve ser copiada para o agente. Para obter a chave, utilize a opção E no ecrã inicial de gerir_agentes. Lista de todos os agentes já adicionados ao servidor, para extrair a chave de um agente, basta digitar o ID do respetivo agente.

3) Estabelecimento de ambiente para alertas por correio eletrónico: alterámos a configuração para registar apenas as severidades superiores a 2 e enviar apenas mensagens de correio eletrónico para severidades superiores a 8. Isto garante que apenas os erros ou alertas gerados pelo OSSEC chegam à conta de correio eletrónico do utilizador cuja gravidade é 8 ou superior a 8.

Criação de um ambiente para (NIDS) - SNORT

O primeiro passo é garantir que os seguintes pacotes estejam instalados:

- Nmap
- Nbtscan
- Apache2
- 5 libras
- Php5-mysql
- Php5-gd
- Libpcap0.8-dev
- Libpcre3-dev
- G++
- Gibson
- Flexível
- Libcap-ruby
- Fazer
- Autoconf
- Libtool
- Servidor Mysql
- Libmysqlclient-dev

1) Baixar e configurar o relatório do Snort. Podemos instalar os pacotes do snort a partir dos repositórios do Ubuntu 10.04.

- sudo tar zxvf snort-2.9.19.tar.gz
- cd snort-2.9.19
- sudo ./configure --prefix=/usr/local/snort -- enable-sourcefire
- sudomake
- sudomake install
- sudo mkdir /var/log/snort
- sudo mkdir var/snort
- sudo groupadd snort
- sudo useradd -g snort snort
- sudo chown snort: snort /var/log/snort

2) Descarregar as regras mais recentes do Snort.

3) Edite e configure o snort.conf.

PROBLEMAS ENCONTRADOS DURANTE A CONFIGURAÇÃO

- Conseguir uma instalação abrangente e precisa do Snort envolve a instalação dos seus pré-requisitos, um processo demorado que exigiu uma pesquisa extensiva para obter os ficheiros necessários através dos seus comandos correspondentes.
- A instalação do MySQL no Kali Linux representou um desafio, exigindo uma pesquisa

minuciosa antes de uma implementação bem sucedida.

- Apesar dos esforços persistentes, a instalação completa do OSSEC revelou-se difícil, pois deparámo-nos com um erro "make" recorrente. As tentativas de resolução de problemas tiveram um sucesso mínimo.
- A configuração do Kibana apresentou o seu próprio conjunto de desafios, mas com pesquisas diligentes na Internet, navegámos com sucesso pelas complexidades e realizámos a análise de registos necessária para garantir a funcionalidade.

REALIZAÇÕES

Análise de resultados do HIDS:

Depois de configurar o ambiente OSSEC, foram testadas as diferentes funcionalidades do OSSEC e demonstradas as suas capacidades de resposta a várias ameaças. A melhor funcionalidade da ferramenta foi a resposta a notificações por correio eletrónico em caso de qualquer tipo de ameaça.

Para além da funcionalidade de correio eletrónico, foram também testadas outras funcionalidades, como

1) Envio de alertas via syslog: A saída syslog permite que um gestor OSSEC envie os alertas OSSEC para um ou mais servidores syslog. O OSSEC também suporta o envio de alertas via cef, json e para o Splunk.
2) Envio de saída para uma base de dados: OSSEC suporta saídas de bases de dados MySQL e PostgreSQL
3) Envio de saída para o Prelude: O Prelude é um IDS híbrido que utiliza o IDMEF para receber informações de alerta de dispositivos externos.

Análise de resultados do NIDS:

No que diz respeito ao SNORT, a melhor caraterística da ferramenta é o facto de poder ser colocada em qualquer parte do sistema/rede de acordo com o tipo de saída desejado. No modelo do trabalho de investigação havia uma rede de 4 computadores ligados via LAN e trocavam pacotes ARP. A troca de pacotes RARP foi efectuada. A ferramenta SNORT foi configurada para o modo sniffing e foi capaz de examinar todos os pacotes que foram transferidos entre os computadores. Durante o desempenho do SNORT neste modelo, observou-se que, no momento em que os pacotes foram perdidos ou estavam na categoria pendente, 58% dos pacotes foram analisados, 0% dos pacotes foram descartados, 0% eram pacotes pendentes e 0% eram pacotes filtrados. Os pacotes descartados significam basicamente aqueles que a ferramenta analisou como uma ameaça. Podemos facilmente verificar a eficiência do software comparando estes dois resultados e verificando se o software perdeu algum pacote e não o analisou.

CONCLUSÃO

A seleção e a configuração de um sistema de deteção de intrusões dependem exclusivamente dos requisitos do cliente e dos resultados que dele se pretendem obter. O IDS é uma ferramenta muito flexível e pode servir para vários fins, dependendo apenas da forma como o configuramos de acordo com os requisitos da empresa. Podemos utilizar o IDS para monitorizar toda a atividade da rede e do sistema operativo, tornando todo o ambiente o mais seguro possível. Depois de observar as características do HIDS e do NIDS, ficamos com uma ideia mais clara do desempenho, dos resultados, das funcionalidades, do estilo de funcionamento, dos métodos de configuração e dos resultados destes dois sistemas. Com base nestes algoritmos, implementaremos a nossa ferramenta num determinado código de linguagem de desenvolvimento.

PARA O PROCESSO DE CONFIGURAÇÃO: HARDWARE E SOFTWARE

Hardware	Software
Processador: Intell Corel i5-1135G7 @ de 11ª geração	Snort v 2.9.15.1
2,40 GHz 2,42 GHz	OSSECv3.6
	Kibana8.2.0
RAM instalada: 8,00 GB (7,74 GB utilizáveis)	Libpcapv1.10.1withTPACKET_V3
Tipo de sistema: Sistema operativo de 64 bits, baseado em x64 processador	PCRE v 8.39
Computador de secretária Dell, SO de 64 bits, 8 GB de RAM	ZLIB v 1.2.11
Caixa virtual da Oracle: Versão 6.1.18	Libpython v 3.8-dev
Kolo-Server: SO: Debian (32-bit)	Ferramenta de recorte
Kolo-Client-Ubuntu: Ubuntu (64-bit)	Microsoft Word v2201
KoloAttacker: OS: Debian (32-bit)	Microsoft PowerPoint v2201

CAPTURAS DE ECRÃ TIRADAS DURANTE O PROCESSO DE CONFIGURAÇÃO

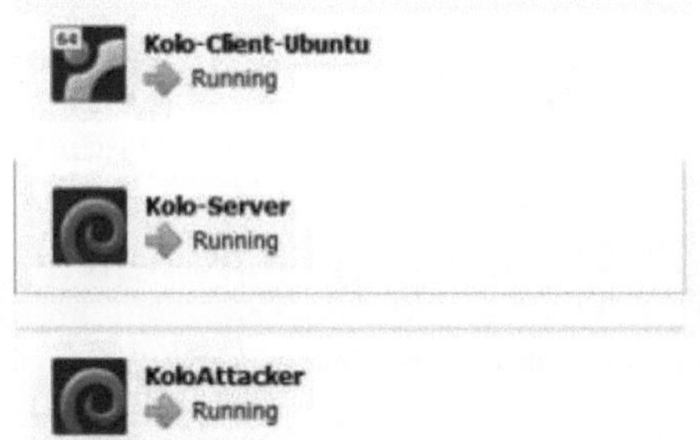

CONFIGURAÇÃO DO SNORT PARA FUNCIONAR EM MODO NIDS

Em seguida, crie a estrutura de pastas para abrigar a configuração do Snort, basta copiar os comandos abaixo

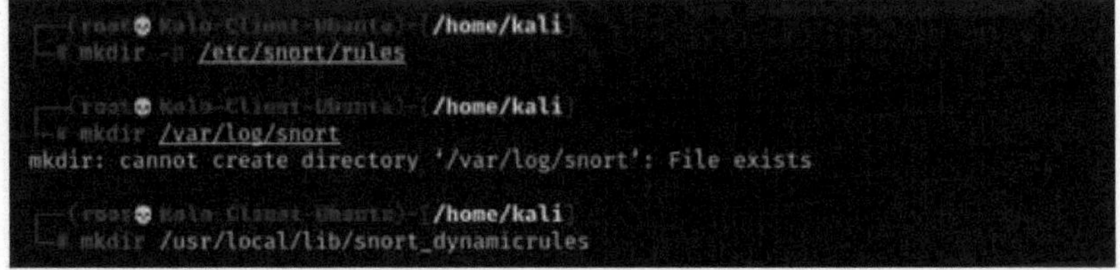

Defina as permissões para os novos directórios em conformidade.

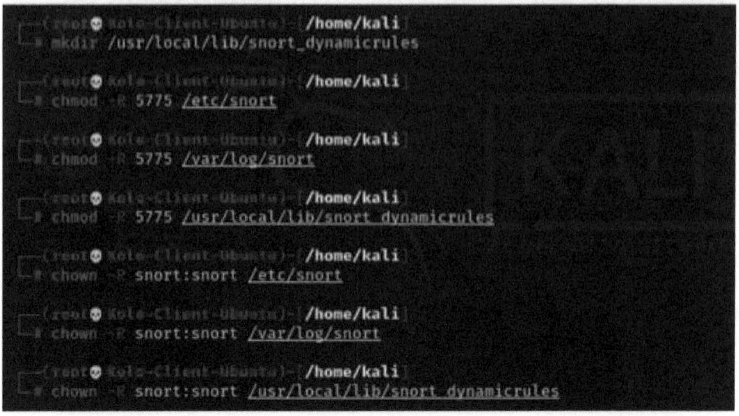

```
# mkdir /usr/local/lib/snort_dynamicrules
# chmod -R 5775 /etc/snort
# chmod -R 5775 /var/log/snort
# chmod -R 5775 /usr/local/lib/snort_dynamicrules
# chown -R snort:snort /etc/snort
# chown -R snort:snort /var/log/snort
# chown -R snort:snort /usr/local/lib/snort_dynamicrules
```

Criar novos ficheiros para as listas branca e negra, bem como para as regras locais

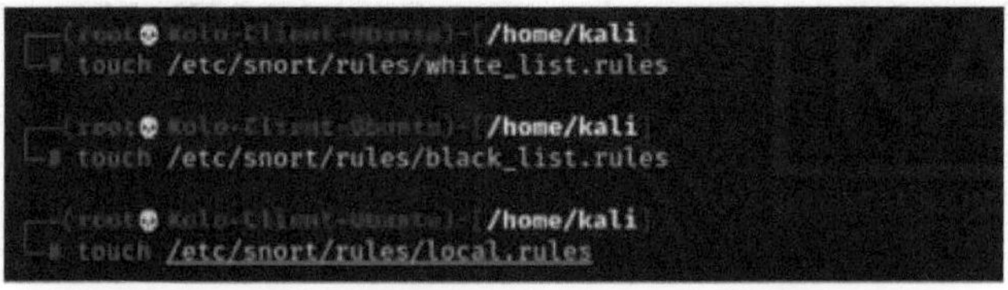

```
# touch /etc/snort/rules/white_list.rules
# touch /etc/snort/rules/black_list.rules
# touch /etc/snort/rules/local.rules
```

Em seguida, copie os ficheiros de configuração da pasta de transferência

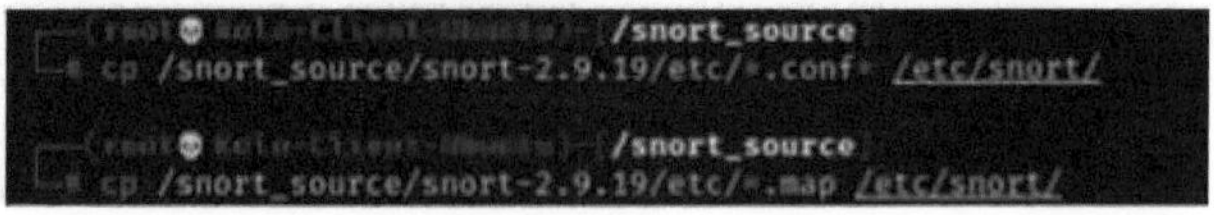

```
# cp /snort_source/snort-2.9.19/etc/*.conf* /etc/snort/
# cp /snort_source/snort-2.9.19/etc/*.map /etc/snort/
```

Se quiser apenas testar rapidamente o Snort, pegue as regras da comunidade usando o wget com o comando abaixo.

```
wget https://www.snort.org/downloads/community/community-rules.tar.gz  community-rules.t
ar.gz
--2022-04-25 14:01:56--  https://www.snort.org/downloads/community/community-rules.tar.gz
Resolving www.snort.org (www.snort.org)... 104.18.139.9, 104.18.138.9, 2606:4700::6812:8a09, .
..
Connecting to www.snort.org (www.snort.org)|104.18.139.9|:443... connected.
HTTP request sent, awaiting response... 302 Found
Location: https://snort-org-site.s3.amazonaws.com/production/release_files/files/000/024/767/o
riginal/community-rules.tar.gz?X-Amz-Algorithm=AWS4-HMAC-SHA256&X-Amz-Credential=AKIAU7AK5ITMG
OEV4EFM%2F20220425%2Fus-east-1%2Fs3%2Faws4_request&X-Amz-Date=20220425T180158Z&X-Amz-Expires=3
600&X-Amz-SignedHeaders=host&X-Amz-Signature=12f7b3f7ba9b1f2b81dd47ce632fa63049684fe473aec8b1a
94d1dbeb2903aa1 [following]
--2022-04-25 14:01:58--  https://snort-org-site.s3.amazonaws.com/production/release_files/file
s/000/024/767/original/community-rules.tar.gz?X-Amz-Algorithm=AWS4-HMAC-SHA256&X-Amz-Credentia
l=AKIAU7AK5ITMGOEV4EFM%2F20220425%2Fus-east-1%2Fs3%2Faws4_request&X-Amz-Date=20220425T180158Z&
X-Amz-Expires=3600&X-Amz-SignedHeaders=host&X-Amz-Signature=12f7b3f7ba9b1f2b81dd47ce632fa63049
684fe473aec8b1a94d1dbeb2903aa1
Resolving snort-org-site.s3.amazonaws.com (snort-org-site.s3.amazonaws.com)... 52.217.166.137
Connecting to snort-org-site.s3.amazonaws.com (snort-org-site.s3.amazonaws.com)|52.217.166.137
|:443... connected.
HTTP request sent, awaiting response... 200 OK
Length: 340035 (332K) [application/gzip]
Saving to: 'community-rules.tar.gz'

community-rules.tar.gz  100%[=====================================>] 332.07K  2.09MB/s    in 0.2s

2022-04-25 14:01:59 (2.09 MB/s) - 'community-rules.tar.gz' saved [340035/340035]
```

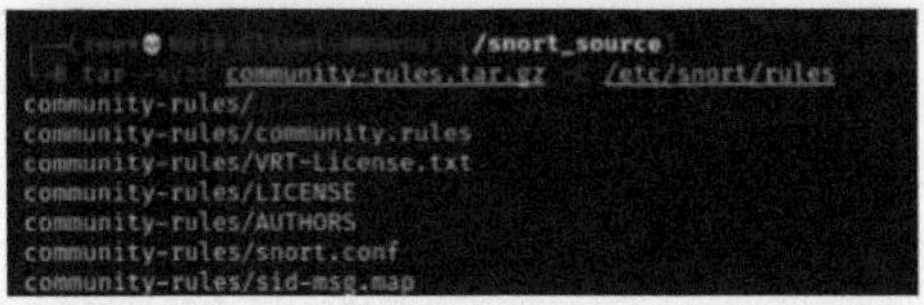

```
/snort_source
# tar  community-rules.tar.gz  /etc/snort/rules
community-rules/
community-rules/community.rules
community-rules/VRT-License.txt
community-rules/LICENSE
community-rules/AUTHORS
community-rules/snort.conf
community-rules/sid-msg.map
```

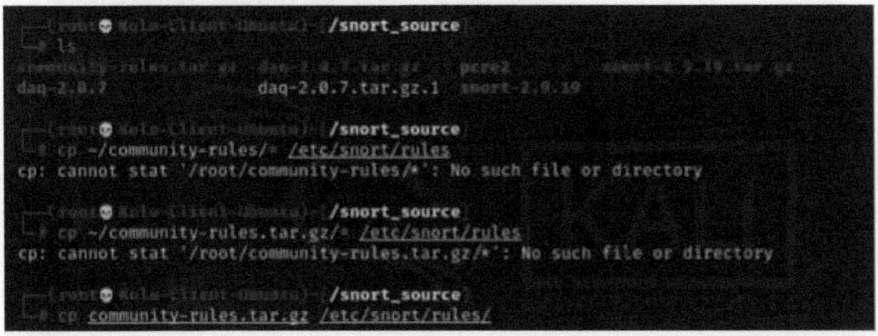

```
/snort_source
# ls
daq-2.0.7                daq-2.0.7.tar.gz.1

/snort_source
# cp ~/community-rules/* /etc/snort/rules
cp: cannot stat '/root/community-rules/*': No such file or directory

/snort_source
# cp ~/community-rules.tar.gz/* /etc/snort/rules
cp: cannot stat '/root/community-rules.tar.gz/*': No such file or directory

/snort_source
# cp community-rules.tar.gz /etc/snort/rules/
```

Por defeito, o Snort em Debian espera encontrar vários ficheiros de regras diferentes que não estão incluídos nas regras da comunidade. Você pode facilmente comentar as linhas desnecessárias usando o comando sed abaixo.

```
/snort_source
# sed -i 's/include $RULE_PATH/#include $RULE_PATH/' /etc/snort/snort.conf
```

Registamo-nos no sítio Web do Snort. O registo dá-lhe acesso à utilização do código Oink para descarregar as regras do utilizador registado. Pode encontrar o código nos detalhes da conta de utilizador do Snort.
Substitua o oinkcode no comando seguinte pelo seu código pessoal.

```
/snort_source
# wget https://www.snort.org/rules/snortrules-snapshot-31210.tar.gz?oinkcode=9dd4c6dced7ee76
079172e8dd9de40c9316f4fbb
--2022-04-25 14:29:34--  https://www.snort.org/rules/snortrules-snapshot-31210.tar.gz?oinkcode
=9dd4c6dced7ee76079172e8dd9de40c9316f4fbb
Resolving www.snort.org (www.snort.org)... 104.18.139.9, 104.18.138.9, 2606:4700::6812:8a09, .
..
Connecting to www.snort.org (www.snort.org)|104.18.139.9|:443... connected.
HTTP request sent, awaiting response... 302 Found
Location: https://snort-org-site.s3.amazonaws.com/production/release_files/files/000/024/737/o
riginal/snortrules-snapshot-31210.tar.gz?X-Amz-Algorithm=AWS4-HMAC-SHA256&X-Amz-Credential=AKI
AU7AK5ITMGOEV4EFM%2F20220425%2Fus-east-1%2Fs3%2Faws4_request&X-Amz-Date=20220425T182935Z&X-Amz
-Expires=3600&X-Amz-SignedHeaders=host&X-Amz-Signature=61aae547ab3c558e87a7fe8ce8ce8c26e4aa606
2390da3920cf8bf561eb179ea [following]
--2022-04-25 14:29:36--  https://snort-org-site.s3.amazonaws.com/production/release_files/file
s/000/024/737/original/snortrules-snapshot-31210.tar.gz?X-Amz-Algorithm=AWS4-HMAC-SHA256&X-Amz
-Credential=AKIAU7AK5ITMGOEV4EFM%2F20220425%2Fus-east-1%2Fs3%2Faws4_request&X-Amz-Date=2022042
5T182935Z&X-Amz-Expires=3600&X-Amz-SignedHeaders=host&X-Amz-Signature=61aae547ab3c558e87a7fe8c
e8ce8c26e4aa6062390da3920cf8bf561eb179ea
Resolving snort-org-site.s3.amazonaws.com (snort-org-site.s3.amazonaws.com)... 54.231.198.25
Connecting to snort-org-site.s3.amazonaws.com (snort-org-site.s3.amazonaws.com)|54.231.198.25|
:443... connected.
HTTP request sent, awaiting response... 200 OK
Length: 10221819 (9.7M) [application/octet-stream]
Saving to: 'snortrules-snapshot-31210.tar.gz?oinkcode=9dd4c6dced7ee76079172e8dd9de40c9316f4fbb
```

```
Length: 10221819 (9.7M) [application/octet-stream]
Saving to: 'snortrules-snapshot-31210.tar.gz?oinkcode=9dd4c6dced7ee76079172e8dd9de40c9316f4fbb
'

snortrules-snapshot-312 100%[===================================>]   9.75M  2.12MB/s    in 6.9s

2022-04-25 14:29:44 (1.41 MB/s) - 'snortrules-snapshot-31210.tar.gz?oinkcode=9dd4c6dced7ee7607
9172e8dd9de40c9316f4fbb' saved [10221819/10221819]
```

Configuração da rede e dos conjuntos de regras

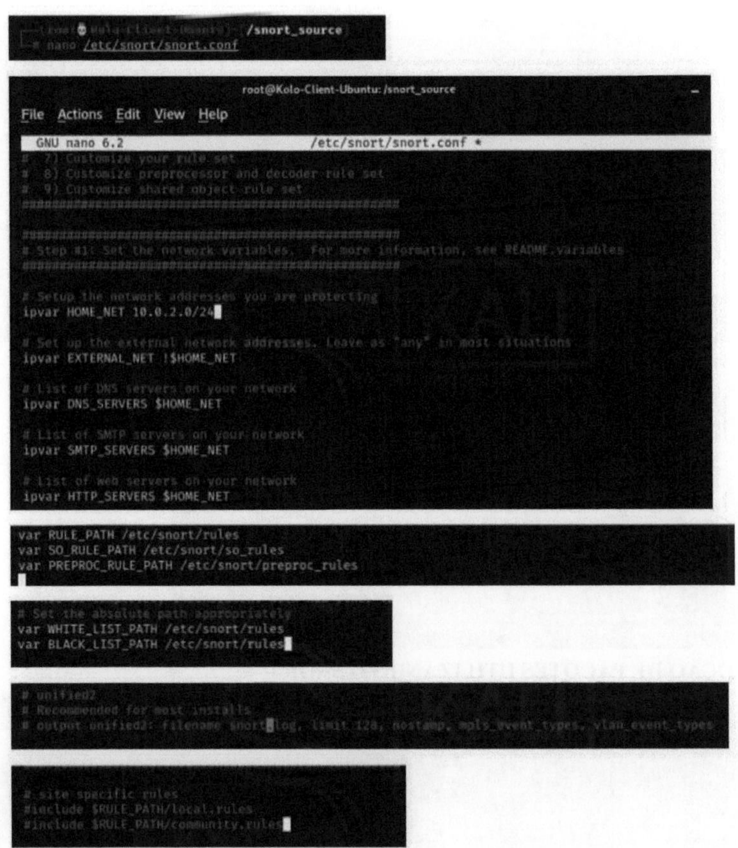

Teste a configuração utilizando o parâmetro -T para ativar o modo de teste.

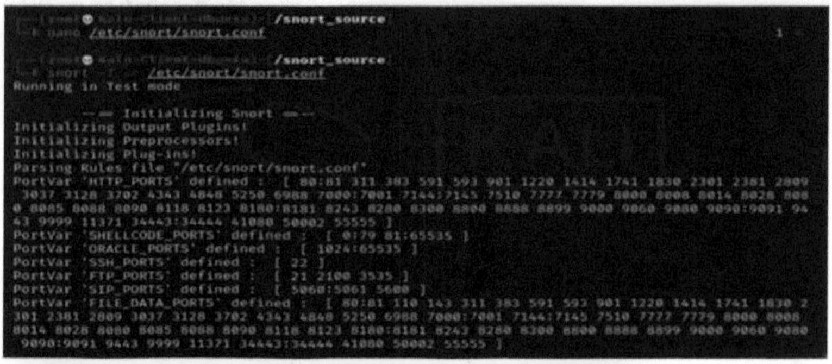

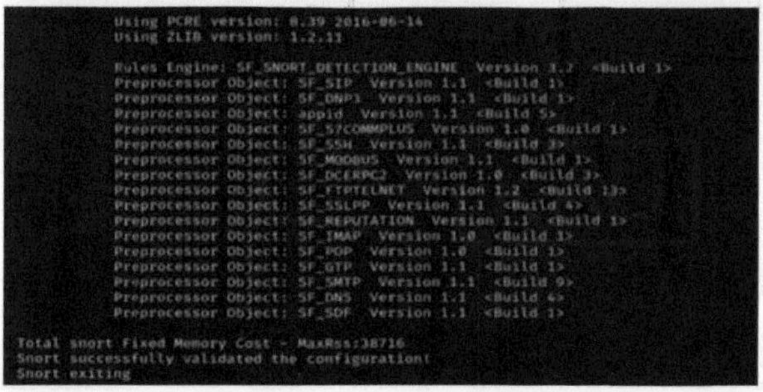

```
/snort_source
nano /etc/snort/snort.conf

/snort_source
snort /etc/snort/snort.conf
Running in Test mode

        --== Initializing Snort ==--
Initializing Output Plugins!
Initializing Preprocessors!
Initializing Plug-ins!
Parsing Rules file "/etc/snort/snort.conf"
PortVar 'HTTP_PORTS' defined :  [ 80:81 311 383 591 593 901 1220 1414 1741 1830 2301 2381 2809
 3037 3128 3702 4343 4848 5250 6988 7000:7001 7144:7145 7510 7777 7779 8000 8008 8014 8028 808
0 8085 8088 8090 8118 8123 8180:8181 8243 8280 8300 8800 8888 8899 9000 9060 9080 9090:9091 94
43 9999 11371 34443:34444 41080 50002 55555 ]
PortVar 'SHELLCODE_PORTS' defined :  [ 0:79 81:65535 ]
PortVar 'ORACLE_PORTS' defined :  [ 1024:65535 ]
PortVar 'SSH_PORTS' defined :  [ 22 ]
PortVar 'FTP_PORTS' defined :  [ 21 2100 3535 ]
PortVar 'SIP_PORTS' defined :  [ 5060:5061 5600 ]
PortVar 'FILE_DATA_PORTS' defined :  [ 80:81 110 143 311 383 591 593 901 1220 1414 1741 1830 2
301 2381 2809 3037 3128 3702 4343 4848 5250 6988 7000:7001 7144:7145 7510 7777 7779 8000 8008
8014 8028 8080 8085 8088 8090 8118 8123 8180:8181 8243 8280 8300 8800 8888 8899 9000 9060 9080
 9090:9091 9443 9999 11371 34443:34444 41080 50002 55555 ]
```

```
           Using PCRE version: 8.39 2016-06-14
           Using ZLIB version: 1.2.11

           Rules Engine: SF_SNORT_DETECTION_ENGINE  Version 3.2  <Build 1>
           Preprocessor Object: SF_SIP  Version 1.1  <Build 1>
           Preprocessor Object: SF_DNP3  Version 1.1  <Build 1>
           Preprocessor Object: appid  Version 1.1  <Build 5>
           Preprocessor Object: SF_S7COMMPLUS  Version 1.0  <Build 1>
           Preprocessor Object: SF_SSH  Version 1.1  <Build 3>
           Preprocessor Object: SF_MODBUS  Version 1.1  <Build 1>
           Preprocessor Object: SF_DCERPC2  Version 1.0  <Build 3>
           Preprocessor Object: SF_FTPTELNET  Version 1.2  <Build 13>
           Preprocessor Object: SF_SSLPP  Version 1.1  <Build 4>
           Preprocessor Object: SF_REPUTATION  Version 1.1  <Build 1>
           Preprocessor Object: SF_IMAP  Version 1.0  <Build 1>
           Preprocessor Object: SF_POP  Version 1.0  <Build 1>
           Preprocessor Object: SF_GTP  Version 1.1  <Build 1>
           Preprocessor Object: SF_SMTP  Version 1.1  <Build 9>
           Preprocessor Object: SF_DNS  Version 1.1  <Build 4>
           Preprocessor Object: SF_SDF  Version 1.1  <Build 1>

Total snort Fixed Memory Cost - MaxRss:38716
Snort successfully validated the configuration!
Snort exiting
```

DETECÇÃO DE PACOTES UTILIZANDO O SNORT

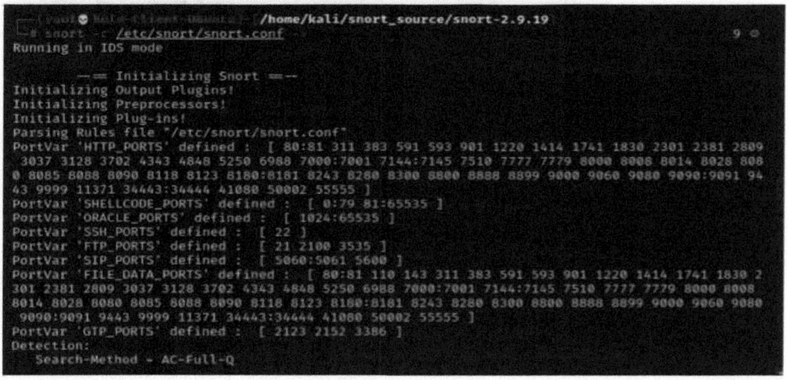

```
/home/kali/snort_source/snort-2.9.19
snort -c /etc/snort/snort.conf
Running in IDS mode

        --== Initializing Snort ==--
Initializing Output Plugins!
Initializing Preprocessors!
Initializing Plug-ins!
Parsing Rules file "/etc/snort/snort.conf"
PortVar 'HTTP_PORTS' defined :  [ 80:81 311 383 591 593 901 1220 1414 1741 1830 2301 2381 2809
 3037 3128 3702 4343 4848 5250 6988 7000:7001 7144:7145 7510 7777 7779 8000 8008 8014 8028 808
0 8085 8088 8090 8118 8123 8180:8181 8243 8280 8300 8800 8888 8899 9000 9060 9080 9090:9091 94
43 9999 11371 34443:34444 41080 50002 55555 ]
PortVar 'SHELLCODE_PORTS' defined :  [ 0:79 81:65535 ]
PortVar 'ORACLE_PORTS' defined :  [ 1024:65535 ]
PortVar 'SSH_PORTS' defined :  [ 22 ]
PortVar 'FTP_PORTS' defined :  [ 21 2100 3535 ]
PortVar 'SIP_PORTS' defined :  [ 5060:5061 5600 ]
PortVar 'FILE_DATA_PORTS' defined :  [ 80:81 110 143 311 383 591 593 901 1220 1414 1741 1830 2
301 2381 2809 3037 3128 3702 4343 4848 5250 6988 7000:7001 7144:7145 7510 7777 7779 8000 8008
8014 8028 8080 8085 8088 8090 8118 8123 8180:8181 8243 8280 8300 8800 8888 8899 9000 9060 9080
 9090:9091 9443 9999 11371 34443:34444 41080 50002 55555 ]
PortVar 'GTP_PORTS' defined :  [ 2123 2152 3386 ]
Detection:
   Search-Method = AC-Full-Q
```

```
*******************************************************
Initializing rule chains...
WARNING: /etc/snort/rules/chat.rules(33) threshold (in rule) is deprecated; use detection_filt
er instead.

2712 Snort rules read
    2712 detection rules
    0 decoder rules
    0 preprocessor rules
2712 Option Chains linked into 282 Chain Headers
*******************************************************

+-------------------[Rule Port Counts]---------------------------------------
|             tcp     udp     icmp      ip
|     src     133      18        0       0
|     dst    1978     126        0       0
|     any     381      48       55      22
|      nc      25       8       18      20
|     s+d      12       5        0       0
+----------------------------------------------------------------------------

+-----------------------[detection-filter-config]------------------------------
| memory-cap : 1048576 bytes
+-----------------------[detection-filter-rules]-------------------------------
-------------------------------------------------------------------------------

+-----------------------[rate-filter-config]-----------------------------------
```

```
Decoding Ethernet

        --== Initialization Complete ==--

   ,,_     -*> Snort! <*-
  o"  )~   Version 2.9.19 GRE (Build 85)
   ''''    By Martin Roesch & The Snort Team: http://www.snort.org/contact#team
           Copyright (C) 2014-2021 Cisco and/or its affiliates. All rights reserved.
           Copyright (C) 1998-2013 Sourcefire, Inc., et al.
           Using libpcap version 1.10.1 (with TPACKET_V3)
           Using PCRE version: 8.39 2016-06-14
           Using ZLIB version: 1.2.11

           Rules Engine: SF_SNORT_DETECTION_ENGINE  Version 3.2  <Build 1>
           Preprocessor Object: SF_SIP  Version 1.1  <Build 1>
           Preprocessor Object: SF_DNP3  Version 1.1  <Build 1>
           Preprocessor Object: appid  Version 1.1  <Build 5>
           Preprocessor Object: SF_S7COMMPLUS  Version 1.0  <Build 1>
           Preprocessor Object: SF_SSH  Version 1.1  <Build 3>
           Preprocessor Object: SF_MODBUS  Version 1.1  <Build 1>
           Preprocessor Object: SF_DCERPC2  Version 1.0  <Build 3>
           Preprocessor Object: SF_FTPTELNET  Version 1.2  <Build 13>
           Preprocessor Object: SF_SSLPP  Version 1.1  <Build 4>
           Preprocessor Object: SF_REPUTATION  Version 1.1  <Build 1>
           Preprocessor Object: SF_IMAP  Version 1.0  <Build 1>
           Preprocessor Object: SF_POP  Version 1.0  <Build 1>
           Preprocessor Object: SF_GTP  Version 1.1  <Build 1>
```

```
           Preprocessor Object: SF_SDF  Version 1.1  <Build 1>
Commencing packet processing (pid=2612)
05/03-15:10:38.339097 10.0.2.15:51500 -> 142.250.65.228:443
TCP TTL:64 TOS:0x0 ID:15837 IpLen:20 DgmLen:79 DF
***AP*** Seq: 0x5162F12F  Ack: 0x5C75F12C  Win: 0xF9E9  TcpLen: 20
=+=+=+=+=+=+=+=+=+=+=+=+=+=+=+=+=+=+=+=+=+=+=+=+=+=+=+=+=+=+=+=+=+=+=+=+=+=+

05/03-15:10:38.340230 142.250.65.228:443 -> 10.0.2.15:51500
TCP TTL:64 TOS:0x0 ID:3683 IpLen:20 DgmLen:40
***A**** Seq: 0x5C75F12C  Ack: 0x5162F156  Win: 0xFFFF  TcpLen: 20
=+=+=+=+=+=+=+=+=+=+=+=+=+=+=+=+=+=+=+=+=+=+=+=+=+=+=+=+=+=+=+=+=+=+=+=+=+=+

05/03-15:10:38.345483 142.250.65.228:443 -> 10.0.2.15:51500
TCP TTL:64 TOS:0x0 ID:3684 IpLen:20 DgmLen:79
***AP*** Seq: 0x5C75F12C  Ack: 0x5162F156  Win: 0xFFFF  TcpLen: 20
=+=+=+=+=+=+=+=+=+=+=+=+=+=+=+=+=+=+=+=+=+=+=+=+=+=+=+=+=+=+=+=+=+=+=+=+=+=+

05/03-15:10:38.389172 10.0.2.15:51500 -> 142.250.65.228:443
TCP TTL:64 TOS:0x0 ID:15838 IpLen:20 DgmLen:40 DF
***A**** Seq: 0x5162F156  Ack: 0x5C75F153  Win: 0xF9E9  TcpLen: 20
=+=+=+=+=+=+=+=+=+=+=+=+=+=+=+=+=+=+=+=+=+=+=+=+=+=+=+=+=+=+=+=+=+=+=+=+=+=+

05/03-15:11:37.340843 10.0.2.15:51500 -> 142.250.65.228:443
TCP TTL:64 TOS:0x0 ID:15839 IpLen:20 DgmLen:79 DF
***AP*** Seq: 0x5162F156  Ack: 0x5C75F153  Win: 0xF9E9  TcpLen: 20
```

```
05/03-15:12:30.448232 142.250.65.228:443 -> 10.0.2.15:51500
TCP TTL:64 TOS:0x0 ID:3690 IpLen:20 DgmLen:40
***A***F Seq: 0x5C75F17A  Ack: 0x5162F1BD  Win: 0xFFFF  TcpLen: 20
=+=+=+=+=+=+=+=+=+=+=+=+=+=+=+=+=+=+=+=+=+=+=+=+=+=+=+=+=+=+=+=+=+=+=+=+=+=+

05/03-15:12:30.448279 10.0.2.15:51500 -> 142.250.65.228:443
TCP TTL:64 TOS:0x0 ID:0 IpLen:20 DgmLen:40 DF
***A**** Seq: 0x5162F1BD  Ack: 0x5C75F17B  Win: 0xF9E9  TcpLen: 20
=+=+=+=+=+=+=+=+=+=+=+=+=+=+=+=+=+=+=+=+=+=+=+=+=+=+=+=+=+=+=+=+=+=+=+=+=+=+

05/03-15:13:10.743167 35.160.82.219:443 -> 10.0.2.15:47076
TCP TTL:64 TOS:0x0 ID:3691 IpLen:20 DgmLen:71
***AP*** Seq: 0x578F198A  Ack: 0xBE4F04E5  Win: 0xFFFF  TcpLen: 20
=+=+=+=+=+=+=+=+=+=+=+=+=+=+=+=+=+=+=+=+=+=+=+=+=+=+=+=+=+=+=+=+=+=+=+=+=+=+

05/03-15:13:10.743542 10.0.2.15:47076 -> 35.160.82.219:443
TCP TTL:64 TOS:0x0 ID:14556 IpLen:20 DgmLen:75 DF
***AP*** Seq: 0xBE4F04E5  Ack: 0x578F19A9  Win: 0xF53C  TcpLen: 20
=+=+=+=+=+=+=+=+=+=+=+=+=+=+=+=+=+=+=+=+=+=+=+=+=+=+=+=+=+=+=+=+=+=+=+=+=+=+

05/03-15:13:10.743990 35.160.82.219:443 -> 10.0.2.15:47076
TCP TTL:64 TOS:0x0 ID:3692 IpLen:20 DgmLen:40
***A**** Seq: 0x578F19A9  Ack: 0xBE4F0508  Win: 0xFFFF  TcpLen: 20
=+=+=+=+=+=+=+=+=+=+=+=+=+=+=+=+=+=+=+=+=+=+=+=+=+=+=+=+=+=+=+=+=+=+=+=+=+=+
```

O tráfego capturado pelo snort em tempo real

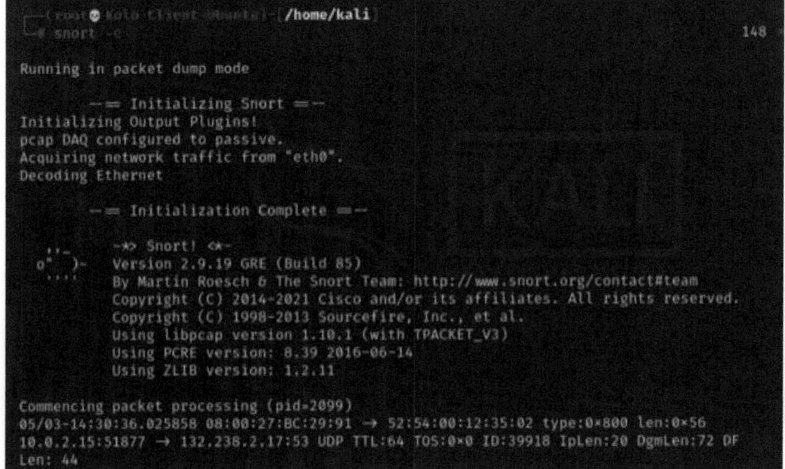

```
/home/kali
# snort -e

Running in packet dump mode

        --== Initializing Snort ==--
Initializing Output Plugins!
pcap DAQ configured to passive.
Acquiring network traffic from "eth0".
Decoding Ethernet

        --== Initialization Complete ==--

           -*> Snort! <*-
   o"  )~  Version 2.9.19 GRE (Build 85)
           By Martin Roesch & The Snort Team: http://www.snort.org/contact#team
           Copyright (C) 2014-2021 Cisco and/or its affiliates. All rights reserved.
           Copyright (C) 1998-2013 Sourcefire, Inc., et al.
           Using libpcap version 1.10.1 (with TPACKET_V3)
           Using PCRE version: 8.39 2016-06-14
           Using ZLIB version: 1.2.11

Commencing packet processing (pid=2099)
05/03-14:30:36.025858 08:00:27:BC:29:91 -> 52:54:00:12:35:02 type:0x800 len:0x56
10.0.2.15:51877 -> 132.238.2.17:53 UDP TTL:64 TOS:0x0 ID:39918 IpLen:20 DgmLen:72 DF
Len: 44
```

Mostra o cabeçalho do pacote (-e)
10.0.2.15: IP de origem
51877: porta de origem
132.238.2.17: IP de destino
53: porta de destino

```
05/03-14:30:36.025858 08:00:27:BC:29:91 → 52:54:00:12:35:02 type:0×800 len:0×56
10.0.2.15:51877 → 132.238.2.17:53 UDP TTL:64 TOS:0×0 ID:39918 IpLen:20 DgmLen:72 DF
Len: 44
=+=+=+=+=+=+=+=+=+=+=+=+=+=+=+=+=+=+=+=+=+=+=+=+=+=+=+=+=+=+=+=+=+=+=+=+=+=+

WARNING: No preprocessors configured for policy 0.
05/03-14:30:36.031025 52:54:00:12:35:02 → 08:00:27:BC:29:91 type:0×800 len:0×91
132.238.2.17:53 → 10.0.2.15:51877 UDP TTL:64 TOS:0×0 ID:33 IpLen:20 DgmLen:131
Len: 103
=+=+=+=+=+=+=+=+=+=+=+=+=+=+=+=+=+=+=+=+=+=+=+=+=+=+=+=+=+=+=+=+=+=+=+=+=+=+

05/03-14:30:36.031486 08:00:27:BC:29:91 → 52:54:00:12:35:02 type:0×800 len:0×56
10.0.2.15:59004 → 132.238.2.17:53 UDP TTL:64 TOS:0×0 ID:39919 IpLen:20 DgmLen:72 DF
Len: 44
=+=+=+=+=+=+=+=+=+=+=+=+=+=+=+=+=+=+=+=+=+=+=+=+=+=+=+=+=+=+=+=+=+=+=+=+=+=+

05/03-14:30:36.034022 08:00:27:BC:29:91 → 52:54:00:12:35:02 type:0×800 len:0×56
10.0.2.15:34832 → 132.238.2.17:53 UDP TTL:64 TOS:0×0 ID:39920 IpLen:20 DgmLen:72 DF
Len: 44
=+=+=+=+=+=+=+=+=+=+=+=+=+=+=+=+=+=+=+=+=+=+=+=+=+=+=+=+=+=+=+=+=+=+=+=+=+=+

WARNING: No preprocessors configured for policy 0.
05/03-14:30:36.035795 52:54:00:12:35:02 → 08:00:27:BC:29:91 type:0×800 len:0×91
132.238.2.17:53 → 10.0.2.15:59004 UDP TTL:64 TOS:0×0 ID:34 IpLen:20 DgmLen:131
Len: 103
=+=+=+=+=+=+=+=+=+=+=+=+=+=+=+=+=+=+=+=+=+=+=+=+=+=+=+=+=+=+=+=+=+=+=+=+=+=+
```

```
WARNING: No preprocessors configured for policy 0.
05/03-14:30:36.079612 52:54:00:12:35:02 → 08:00:27:BC:29:91 type:0×800 len:0×99
132.238.2.17:53 → 10.0.2.15:51381 UDP TTL:64 TOS:0×0 ID:40 IpLen:20 DgmLen:139
Len: 111
=+=+=+=+=+=+=+=+=+=+=+=+=+=+=+=+=+=+=+=+=+=+=+=+=+=+=+=+=+=+=+=+=+=+=+=+=+=+

05/03-14:30:36.079853 08:00:27:BC:29:91 → 52:54:00:12:35:02 type:0×800 len:0×56
10.0.2.15:56760 → 132.238.2.17:53 UDP TTL:64 TOS:0×0 ID:39927 IpLen:20 DgmLen:72 DF
Len: 44
=+=+=+=+=+=+=+=+=+=+=+=+=+=+=+=+=+=+=+=+=+=+=+=+=+=+=+=+=+=+=+=+=+=+=+=+=+=+

05/03-14:30:36.079881 08:00:27:BC:29:91 → 52:54:00:12:35:02 type:0×800 len:0×56
10.0.2.15:57204 → 132.238.2.17:53 UDP TTL:64 TOS:0×0 ID:39928 IpLen:20 DgmLen:72 DF
Len: 44
=+=+=+=+=+=+=+=+=+=+=+=+=+=+=+=+=+=+=+=+=+=+=+=+=+=+=+=+=+=+=+=+=+=+=+=+=+=+

WARNING: No preprocessors configured for policy 0.
05/03-14:30:36.082512 52:54:00:12:35:02 → 08:00:27:BC:29:91 type:0×800 len:0×8C
132.238.2.17:53 → 10.0.2.15:57204 UDP TTL:64 TOS:0×0 ID:41 IpLen:20 DgmLen:126
Len: 98
=+=+=+=+=+=+=+=+=+=+=+=+=+=+=+=+=+=+=+=+=+=+=+=+=+=+=+=+=+=+=+=+=+=+=+=+=+=+

WARNING: No preprocessors configured for policy 0.
05/03-14:30:36.082543 52:54:00:12:35:02 → 08:00:27:BC:29:91 type:0×800 len:0×8C
132.238.2.17:53 → 10.0.2.15:56760 UDP TTL:64 TOS:0×0 ID:42 IpLen:20 DgmLen:126
Len: 98
```

Mostra os detalhes completos do tráfego capturado (-X), muito útil para uma análise profunda do tráfego. Vê-se o cabeçalho e o pacote descarregado.

```
root@Kolo-Cl...snort-2.9.19 ×    root@Kolo-Cl...:/home/kali ×

/home/kali
snort -X                                                      148
Running in packet dump mode

        --== Initializing Snort ==--
Initializing Output Plugins!
pcap DAQ configured to passive.
Acquiring network traffic from "eth0".
Decoding Ethernet

        --== Initialization Complete ==--

   ,,_     -*> Snort! <*-
  o"  )~   Version 2.9.19 GRE (Build 85)
   ''''    By Martin Roesch & The Snort Team: http://www.snort.org/contact#team
           Copyright (C) 2014-2021 Cisco and/or its affiliates. All rights reserved.
           Copyright (C) 1998-2013 Sourcefire, Inc., et al.
           Using libpcap version 1.10.1 (with TPACKET_V3)
           Using PCRE version: 8.39 2016-06-14
           Using ZLIB version: 1.2.11

Commencing packet processing (pid=3054)
WARNING: No preprocessors configured for policy 0.
05/03-15:43:11.277634 35.160.82.219:443 -> 10.0.2.15:47076
TCP TTL:64 TOS:0x0 ID:4723 IpLen:20 DgmLen:71
```

```
TCP TTL:64 TOS:0x0 ID:4723 IpLen:20 DgmLen:71
***AP*** Seq: 0x578F1AA4  Ack: 0xBE4F0594  Win: 0xFFFF  TcpLen: 20
0x0000: 08 00 27 BC 29 91 52 54 00 12 35 02 08 00 45 00  ..'.).RT..5...E.
0x0010: 00 47 12 73 00 00 40 06 E5 B4 23 A0 52 DB 0A 00  .G.s..@...#.R...
0x0020: 02 0F 01 BB B7 E4 57 8F 1A A4 BE 4F 05 94 50 18  ......W....O..P.
0x0030: FF FF 0E 7D 00 00 17 03 03 00 1A 5B 1E 91 43 4D  ...}.......[..CM
0x0040: DB 71 3A 38 86 4A 6A A2 B1 99 59 4D B8 44 13 D9  .q:8.Jj...YM.D..
0x0050: 7B 0A 31 0D 0F                                   {.1..

=+=+=+=+=+=+=+=+=+=+=+=+=+=+=+=+=+=+=+=+=+=+=+=+=+=+=+=+=+=+=+=+=+=+=+=+=+=+

05/03-15:43:11.277828 10.0.2.15:47076 -> 35.160.82.219:443
TCP TTL:64 TOS:0x0 ID:14565 IpLen:20 DgmLen:75 DF
***AP*** Seq: 0xBE4F0594  Ack: 0x578F1AC3  Win: 0xF53C  TcpLen: 20
0x0000: 52 54 00 12 35 02 08 00 27 BC 29 91 08 00 45 00  RT..5...'.)...E.
0x0010: 00 4B 38 E5 40 00 40 06 7F 3E 0A 00 02 0F 23 A0  .K8.@.@..>....#.
0x0020: 52 DB B7 E4 01 BB BE 4F 05 94 57 8F 1A C3 50 18  R......O..W...P.
0x0030: F5 3C 82 C7 00 00 17 03 03 00 1E 00 00 00 00 00  .<..............
0x0040: 00 00 0A B4 D8 8A 86 C7 82 DC B4 C6 8E 3E 49 99  .............>I.
0x0050: E8 D3 AA 68 E4 8C 87 2D FD                       ...h...-.

=+=+=+=+=+=+=+=+=+=+=+=+=+=+=+=+=+=+=+=+=+=+=+=+=+=+=+=+=+=+=+=+=+=+=+=+=+=+

WARNING: No preprocessors configured for policy 0.
05/03-15:43:11.278049 35.160.82.219:443 -> 10.0.2.15:47076
```

Endereço IP de origem, IP de destino, porta
Tráfego capturado

```
WARNING: No preprocessors configured for policy 0.
05/03-15:43:11.278049 35.160.82.219:443 -> 10.0.2.15:47076
TCP TTL:64 TOS:0x0 ID:4724 IpLen:20 DgmLen:40
***A**** Seq: 0x578F1AC3  Ack: 0xBE4F05B7  Win: 0xFFFF  TcpLen: 20
0x0000: 08 00 27 BC 29 91 52 54 00 12 35 02 08 00 45 00  ..'.).RT..5...E.
0x0010: 00 28 12 74 00 00 40 06 E5 D2 23 A0 52 DB 0A 00  .(.t..@...#.R...
0x0020: 02 0F 01 BB B7 E4 57 8F 1A C3 BE 4F 05 B7 50 10  ......W....O..P.
0x0030: FF FF 3D 52 00 00 00 00 00 00 00 00              ..=R........

=+=+=+=+=+=+=+=+=+=+=+=+=+=+=+=+=+=+=+=+=+=+=+=+=+=+=+=+=+=+=+=+=+=+=+=+=+=+
```

Detetar o tráfego e armazená-lo num ficheiro de registo

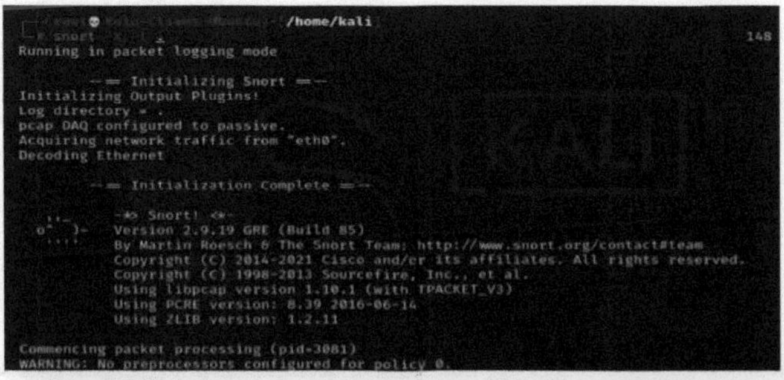

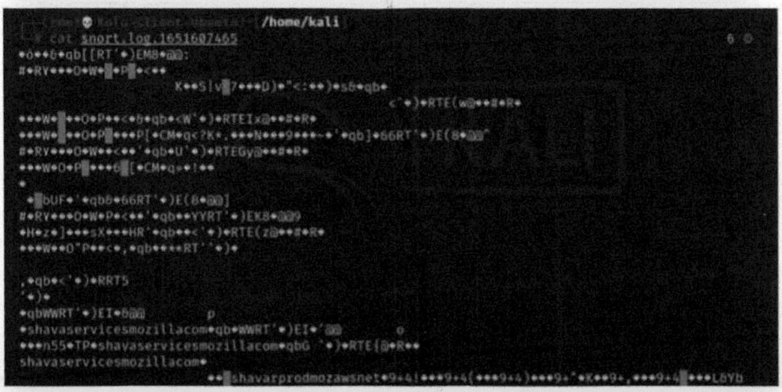

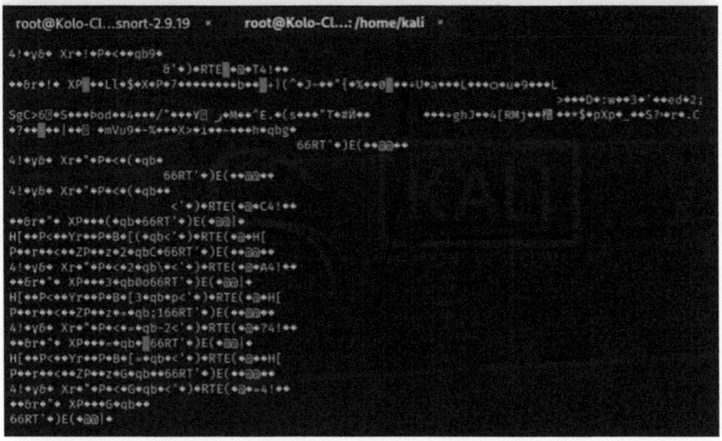

Como se pode ver, não é legível a olho nu

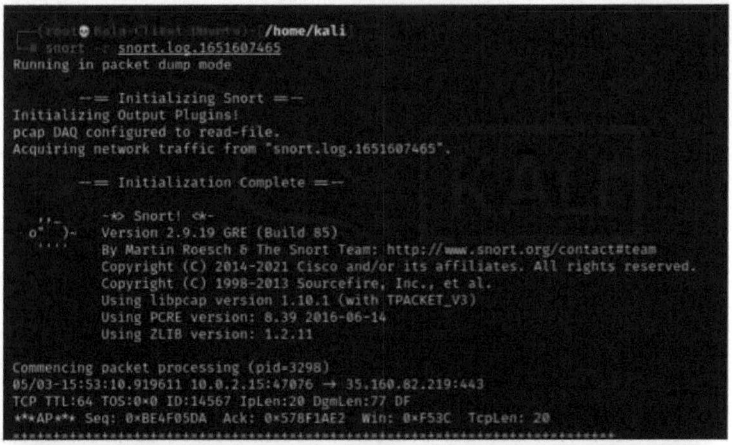

```
┌──(root💀Kali-Client)-[/home/kali]
└─# snort -r snort.log.1651607465
Running in packet dump mode

        --== Initializing Snort ==--
Initializing Output Plugins!
pcap DAQ configured to read-file.
Acquiring network traffic from "snort.log.1651607465".

        --== Initialization Complete ==--

   ,,_     -*> Snort! <*-
  o"  )~   Version 2.9.19 GRE (Build 85)
   ''''    By Martin Roesch & The Snort Team: http://www.snort.org/contact#team
           Copyright (C) 2014-2021 Cisco and/or its affiliates. All rights reserved.
           Copyright (C) 1998-2013 Sourcefire, Inc., et al.
           Using libpcap version 1.10.1 (with TPACKET_V3)
           Using PCRE version: 8.39 2016-06-14
           Using ZLIB version: 1.2.11

Commencing packet processing (pid=3298)
05/03-15:53:10.919611 10.0.2.15:47076 -> 35.160.82.219:443
TCP TTL:64 TOS:0x0 ID:14567 IpLen:20 DgmLen:77 DF
***AP*** Seq: 0xBE4F05DA  Ack: 0x578F1AE2  Win: 0xF53C  TcpLen: 20
=+=+=+=+=+=+=+=+=+=+=+=+=+=+=+=+=+=+=+=+=+=+=+=+=+=+=+=+=+=+=+=+=+=+=+=+=+=+=+
```

```
WARNING: No preprocessors configured for policy 0.
05/03-15:53:10.920537 35.160.82.219:443 -> 10.0.2.15:47076
TCP TTL:64 TOS:0x0 ID:4727 IpLen:20 DgmLen:40
***A**** Seq: 0x578F1AE2  Ack: 0xBE4F05FF  Win: 0xFFFF  TcpLen: 20
=+=+=+=+=+=+=+=+=+=+=+=+=+=+=+=+=+=+=+=+=+=+=+=+=+=+=+=+=+=+=+=+=+=+=+=+=+=+=+

WARNING: No preprocessors configured for policy 0.
05/03-15:53:10.998623 35.160.82.219:443 -> 10.0.2.15:47076
TCP TTL:64 TOS:0x0 ID:4728 IpLen:20 DgmLen:73
***AP*** Seq: 0x578F1AE2  Ack: 0xBE4F05FF  Win: 0xFFFF  TcpLen: 20
=+=+=+=+=+=+=+=+=+=+=+=+=+=+=+=+=+=+=+=+=+=+=+=+=+=+=+=+=+=+=+=+=+=+=+=+=+=+=+

05/03-15:53:11.041053 10.0.2.15:47076 -> 35.160.82.219:443
TCP TTL:64 TOS:0x0 ID:14568 IpLen:20 DgmLen:40 DF
***A**** Seq: 0xBE4F05FF  Ack: 0x578F1B03  Win: 0xF53C  TcpLen: 20
=+=+=+=+=+=+=+=+=+=+=+=+=+=+=+=+=+=+=+=+=+=+=+=+=+=+=+=+=+=+=+=+=+=+=+=+=+=+=+

WARNING: No preprocessors configured for policy 0.
05/03-15:53:11.452099 35.160.82.219:443 -> 10.0.2.15:47076
TCP TTL:64 TOS:0x0 ID:4729 IpLen:20 DgmLen:71
***AP*** Seq: 0x578F1B03  Ack: 0xBE4F05FF  Win: 0xFFFF  TcpLen: 20
=+=+=+=+=+=+=+=+=+=+=+=+=+=+=+=+=+=+=+=+=+=+=+=+=+=+=+=+=+=+=+=+=+=+=+=+=+=+=+

05/03-15:53:11.452134 10.0.2.15:47076 -> 35.160.82.219:443
```

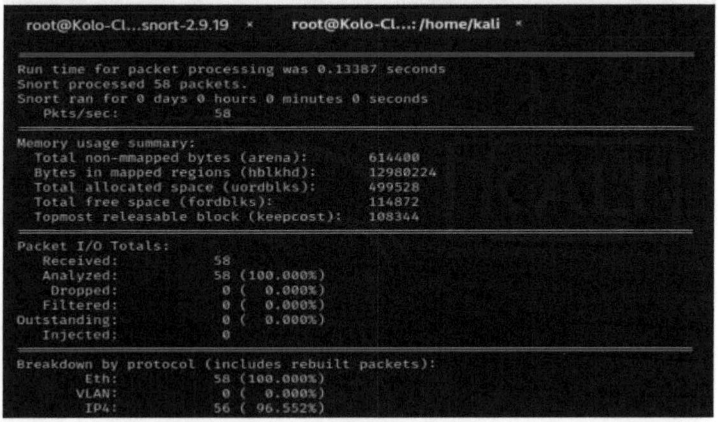

```
root@Kolo-Cl...snort-2.9.19  ×     root@Kolo-Cl...: /home/kali  ×

===============================================================================
Run time for packet processing was 0.13387 seconds
Snort processed 58 packets.
Snort ran for 0 days 0 hours 0 minutes 0 seconds
   Pkts/sec:           58
===============================================================================
Memory usage summary:
  Total non-mmapped bytes (arena):       614400
  Bytes in mapped regions (hblkhd):      12980224
  Total allocated space (uordblks):      499528
  Total free space (fordblks):           114872
  Topmost releasable block (keepcost):   108344
===============================================================================
Packet I/O Totals:
   Received:           58
   Analyzed:           58 (100.000%)
    Dropped:            0 (  0.000%)
   Filtered:            0 (  0.000%)
Outstanding:            0 (  0.000%)
   Injected:            0
===============================================================================
Breakdown by protocol (includes rebuilt packets):
        Eth:           58 (100.000%)
       VLAN:            0 (  0.000%)
        IP4:           56 ( 96.552%)
```

```
Breakdown by protocol (includes rebuilt packets):
        Eth:          58 (100.000%)
       VLAN:           0 (  0.000%)
        IP4:          56 ( 96.552%)
       Frag:           0 (  0.000%)
       ICMP:           0 (  0.000%)
        UDP:           8 ( 13.793%)
        TCP:          47 ( 81.034%)
        IP6:           0 (  0.000%)
    IP6 Ext:           0 (  0.000%)
   IP6 Opts:           0 (  0.000%)
      Frag6:           0 (  0.000%)
      ICMP6:           0 (  0.000%)
       UDP6:           0 (  0.000%)
       TCP6:           0 (  0.000%)
     Teredo:           0 (  0.000%)
    ICMP-IP:           0 (  0.000%)
    IP4/IP4:           0 (  0.000%)
    IP4/IP6:           0 (  0.000%)
    IP6/IP4:           0 (  0.000%)
    IP6/IP6:           0 (  0.000%)
        GRE:           0 (  0.000%)
    GRE Eth:           0 (  0.000%)
   GRE VLAN:           0 (  0.000%)
    GRE IP4:           0 (  0.000%)
```

```
    GRE IP4:           0 (  0.000%)
    GRE IP6:           0 (  0.000%)
GRE IP6 Ext:           0 (  0.000%)
   GRE PPTP:           0 (  0.000%)
    GRE ARP:           0 (  0.000%)
    GRE IPX:           0 (  0.000%)
   GRE Loop:           0 (  0.000%)
       MPLS:           0 (  0.000%)
        ARP:           2 (  3.448%)
        IPX:           0 (  0.000%)
   Eth Loop:           0 (  0.000%)
   Eth Disc:           0 (  0.000%)
   IP4 Disc:           1 (  1.724%)
   IP6 Disc:           0 (  0.000%)
   TCP Disc:           0 (  0.000%)
   UDP Disc:           0 (  0.000%)
  ICMP Disc:           0 (  0.000%)
All Discard:           1 (  1.724%)
      Other:           0 (  0.000%)
Bad Chk Sum:          29 ( 50.000%)
    Bad TTL:           0 (  0.000%)
     S5 G 1:           0 (  0.000%)
     S5 G 2:           0 (  0.000%)
      Total:          58
```

```
===============================================================================
Memory Statistics for File at:Tue May  3 16:07:52 2022

Total buffers allocated:           0
Total buffers freed:               0
Total buffers released:            0
Total file mempool:                0
Total allocated file mempool:      0
Total freed file mempool:          0
Total released file mempool:       0

Heap Statistics of file:
          Total Statistics:
               Memory in use:                0 bytes
                No of allocs:                0
                 No of frees:                0
===============================================================================
Snort exiting
```

MODO DE REGISTO DE PACOTES NUM FORMATO LEGÍVEL PARA HUMANOS

```
/home/kali
snort -dev -K ASCII -l .
Running in packet logging mode

        --== Initializing Snort ==--
Initializing Output Plugins!
```

```
/home/kali
ping 192.168.0.100 -s 65500
PING 192.168.0.100 (192.168.0.100) 65500(65528) bytes of data.
65508 bytes from 192.168.0.100: icmp_seq=1 ttl=63 time=3.49 ms
65508 bytes from 192.168.0.100: icmp_seq=2 ttl=63 time=6.59 ms
```

```
65508 bytes from 192.168.0.100: icmp_seq=1099 ttl=63 time=2.01 ms
65508 bytes from 192.168.0.100: icmp_seq=1100 ttl=63 time=3.92 ms
65508 bytes from 192.168.0.100: icmp_seq=1101 ttl=63 time=2.39 ms
65508 bytes from 192.168.0.100: icmp_seq=1102 ttl=63 time=4.44 ms
65508 bytes from 192.168.0.100: icmp_seq=1103 ttl=63 time=2.68 ms
65508 bytes from 192.168.0.100: icmp_seq=1104 ttl=63 time=5.25 ms
65508 bytes from 192.168.0.100: icmp_seq=1105 ttl=63 time=2.87 ms
65508 bytes from 192.168.0.100: icmp_seq=1106 ttl=63 time=3.47 ms
^Z
zsh: suspended  ping 192.168.0.100 -s 65500
```

```
/home/kali
snort -dev -K ASCII -l .
Running in packet logging mode

        --== Initializing Snort ==--
Initializing Output Plugins!
Log directory = .
pcap DAQ configured to passive.
Acquiring network traffic from "eth0".
Decoding Ethernet

        --== Initialization Complete ==--

   ,,_     -*> Snort! <*-
  o"  )~   Version 2.9.19 GRE (Build 85)
   ''''    By Martin Roesch & The Snort Team: http://www.snort.org/contact#team
           Copyright (C) 2014-2021 Cisco and/or its affiliates. All rights reserved.
           Copyright (C) 1998-2013 Sourcefire, Inc., et al.
           Using libpcap version 1.10.1 (with TPACKET_V3)
           Using PCRE version: 8.39 2016-06-14
           Using ZLIB version: 1.2.11

Commencing packet processing (pid=1505)
WARNING: No preprocessors configured for policy 0.
WARNING: No preprocessors configured for policy 0.
WARNING: No preprocessors configured for policy 0.
WARNING: No preprocessors configured for policy 0.
```

```
/home/kali
ls                                                                148 2
10.0.2.15     Documents   ossec-hids-3.6.0        snort.log.1651945840   zeek
192.168.1.1   Downloads   PACKET_NONIP            snort_source           zeek-buildtools
              hostname    pcre2                   suricata-6.0.5
daq-2.0.7     hosts       Pictures
              Music       Public                  Templates
Desktop       mypasswd    snort.log.1651607465    Videos
```

Ips capturado em modo sniffing

```
/home/kali
# cd 192.168.1.1

/home/kali/192.168.1.1
# ls
UDP:38485-53  UDP:47333-53  UDP:48395-53  UDP:50068-53

/home/kali/192.168.1.1
# cat UDP:38485-53
05/07-14:41:01.565381 52:54:00:12:35:02 -> 08:00:27:BC:29:91 type:0x800 len:0x91
192.168.1.1:53 -> 10.0.2.15:38485 UDP TTL:64 TOS:0x0 ID:16 IpLen:20 DgmLen:131
Len: 103
24 1E 85 83 00 01 00 00 00 01 00 00 12 4B 6F 6C  $............Kol
6F 2D 43 6C 69 65 6E 74 2D 55 62 75 6E 74 75 0B  o-Client-Ubuntu.
66 69 6F 73 2D 72 6F 75 74 65 72 04 68 6F 6D 65  fios-router.home
00 00 1C 00 01 C0 1F 00 06 00 01 00 00 00 0A 00  ................
26 09 6C 6F 63 61 6C 68 6F 73 74 00 04 72 6F 6F  &.localhost..roo
74 C0 41 77 B1 84 E9 00 00 70 80 00 00 38 40 00  t.Aw.....p...8@.
09 3A 80 00 01 51 80                             .:...Q.

=+=+=+=+=+=+=+=+=+=+=+=+=+=+=+=+=+=+=+=+=+=+=+=+=+=+=+=+=+=+=+=+=+=+=+=+=+=+=+
```

```
/home/kali
# cd 10.0.2.15

/home/kali/10.0.2.15
# ls
UDP:38485-53  UDP:47333-53  UDP:48395-53  UDP:50068-53

/home/kali/10.0.2.15
# cat UDP:38485-53
05/07-14:41:01.557701 08:00:27:BC:29:91 -> 52:54:00:12:35:02 type:0x800 len:0x5F
10.0.2.15:38485 -> 192.168.1.1:53 UDP TTL:64 TOS:0x0 ID:35041 IpLen:20 DgmLen:81 DF
Len: 53
24 1E 01 00 00 01 00 00 00 00 00 00 12 4B 6F 6C  $............Kol
6F 2D 43 6C 69 65 6E 74 2D 55 62 75 6E 74 75 0B  o-Client-Ubuntu.
66 69 6F 73 2D 72 6F 75 74 65 72 04 68 6F 6D 65  fios-router.home
00 00 1C 00 01                                   .....

=+=+=+=+=+=+=+=+=+=+=+=+=+=+=+=+=+=+=+=+=+=+=+=+=+=+=+=+=+=+=+=+=+=+=+=+=+=+=+
```

CONFIGURAÇÃO DO OSSEC PARA FUNCIONAR EM MODO HIDS

INICIAMOS O PROCESSO DE INSTALAÇÃO COM A INSTALAÇÃO DOS PRÉ-REQUISITOS

PRIMEIRO

```
/home/kali
# sudo apt install -y php php-cli php-common libapache2-mod-php apache2-utils sendmail inoti
fy-tools apache2 build-essential gcc make wget tar zlib1g-dev libpcre2-dev libpcre3-dev unzip
libz-dev libssl-dev libpcre2-dev libevent-dev build-essential
Reading package lists... Done
Building dependency tree... Done
Reading state information... Done
Note, selecting 'zlib1g-dev' instead of 'libz-dev'
apache2 is already the newest version (2.4.53-2).
apache2-utils is already the newest version (2.4.53-2).
build-essential is already the newest version (12.9).
gcc is already the newest version (4:11.2.0-2).
inotify-tools is already the newest version (3.22.1.0-2+b1).
libapache2-mod-php is already the newest version (2:8.1+92).
libevent-dev is already the newest version (2.1.12-stable-5).
libpcre2-dev is already the newest version (10.40-1).
libpcre3-dev is already the newest version (2:8.39-14).
libssl-dev is already the newest version (1.1.1n-1).
make is already the newest version (4.3-4.1).
php is already the newest version (2:8.1+92).
php-cli is already the newest version (2:8.1+92).
php-common is already the newest version (2:92).
sendmail is already the newest version (8.16.1-3).
tar is already the newest version (1.34+dfsg-1).
unzip is already the newest version (6.0-26).
wget is already the newest version (1.21.3-1).
zlib1g-dev is already the newest version (1:1.2.11.dfsg-4).
```

```
php-common is already the newest version (2:92).
sendmail is already the newest version (8.16.1-3).
tar is already the newest version (1.34+dfsg-1).
unzip is already the newest version (6.0-26).
wget is already the newest version (1.21.3-1).
zlib1g-dev is already the newest version (1:1.2.11.dfsg-4).
0 upgraded, 0 newly installed, 0 to remove and 562 not upgraded.

/home/kali
# systemctl enable apache2
Synchronizing state of apache2.service with SysV service script with /lib/systemd/systemd-sysv
-install.
Executing: /lib/systemd/systemd-sysv-install enable apache2

/home/kali
# systemctl start apache2

/home/kali
# a2enmod rewrite
Module rewrite already enabled

/home/kali
# systemctl restart apache2
```

INICIAMOS A INSTALAÇÃO DO OSSEC

```
/home/kali
# wget https://github.com/ossec/ossec-hids/archive/3.6.0.tar.gz
--2022-05-05 15:42:26-- https://github.com/ossec/ossec-hids/archive/3.6.0.tar.gz
Resolving github.com (github.com)... 140.82.112.4
Connecting to github.com (github.com)|140.82.112.4|:443... connected.
HTTP request sent, awaiting response... 302 Found
Location: https://codeload.github.com/ossec/ossec-hids/tar.gz/refs/tags/3.6.0 [following]
--2022-05-05 15:42:27-- https://codeload.github.com/ossec/ossec-hids/tar.gz/refs/tags/3.6.0
Resolving codeload.github.com (codeload.github.com)... 140.82.112.9
Connecting to codeload.github.com (codeload.github.com)|140.82.112.9|:443... connected.
HTTP request sent, awaiting response... 200 OK
Length: unspecified [application/x-gzip]
Saving to: '3.6.0.tar.gz'

3.6.0.tar.gz          [ <=>                    ]   1.83M  4.45MB/s    in 0.4s

2022-05-05 15:42:27 (4.45 MB/s) - '3.6.0.tar.gz' saved [1921753]
```

```
/home/kali
# tar -xzf 3.6.0.tar.gz
```

```
ossec-hids-3.6.0/src/win32/nsProcess/
ossec-hids-3.6.0/src/win32/nsProcess/nsProcess.dll
ossec-hids-3.6.0/src/win32/nsProcess/nsProcess.nsh
ossec-hids-3.6.0/src/win32/os_win.h
ossec-hids-3.6.0/src/win32/ossec-installer.nsi
ossec-hids-3.6.0/src/win32/ossec-uninstall.ico
ossec-hids-3.6.0/src/win32/ossec.conf
ossec-hids-3.6.0/src/win32/read-registry.c
ossec-hids-3.6.0/src/win32/setup-iis.c
ossec-hids-3.6.0/src/win32/setup-shared.c
ossec-hids-3.6.0/src/win32/setup-shared.h
ossec-hids-3.6.0/src/win32/setup-syscheck.c
ossec-hids-3.6.0/src/win32/setup-win.c
ossec-hids-3.6.0/src/win32/ui/
ossec-hids-3.6.0/src/win32/ui/common.c
ossec-hids-3.6.0/src/win32/ui/favicon.ico
ossec-hids-3.6.0/src/win32/ui/os_win32ui.c
ossec-hids-3.6.0/src/win32/ui/os_win32ui.exe.manifest
ossec-hids-3.6.0/src/win32/ui/os_win32ui.h
ossec-hids-3.6.0/src/win32/ui/win32ui.rc
ossec-hids-3.6.0/src/win32/unix2dos.pl
ossec-hids-3.6.0/src/win32/vista_sec.txt
ossec-hids-3.6.0/src/win32/win_agent.c
ossec-hids-3.6.0/src/win32/win_service.c
```

Optamos por instalar o Ossec como um servidor e configurar as suas diferentes funcionalidades, como a notificação por correio eletrónico, a monitorização do servidor smtp, o daemon de verificação de integridade, a deteção do kit de raiz, a resposta de ação, a resposta de queda da firewall e, se necessário, adicionar mais ips à lista branca

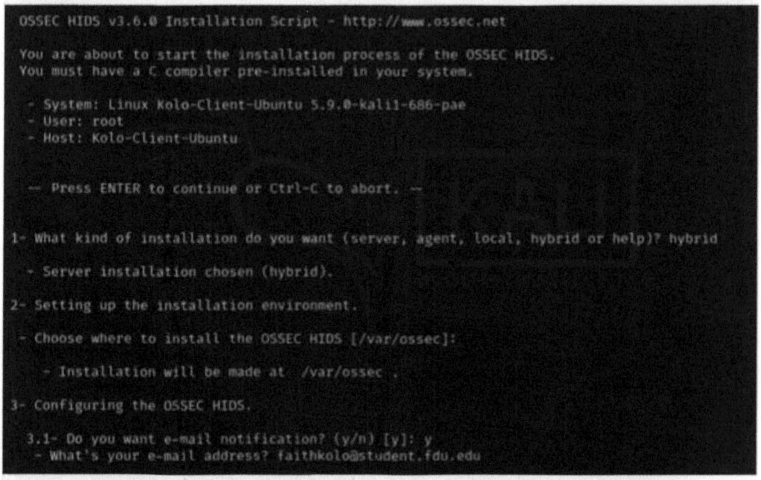

```
OSSEC HIDS v3.6.0 Installation Script - http://www.ossec.net

You are about to start the installation process of the OSSEC HIDS.
You must have a C compiler pre-installed in your system.

 - System: Linux Kolo-Client-Ubuntu 5.9.0-kali1-686-pae
 - User: root
 - Host: Kolo-Client-Ubuntu


  -- Press ENTER to continue or Ctrl-C to abort. --


1- What kind of installation do you want (server, agent, local, hybrid or help)? hybrid

  - Server installation chosen (hybrid).

2- Setting up the installation environment.

 - Choose where to install the OSSEC HIDS [/var/ossec]:

    - Installation will be made at  /var/ossec .

3- Configuring the OSSEC HIDS.

  3.1- Do you want e-mail notification? (y/n) [y]: y
   - What's your e-mail address? faithkolo@student.fdu.edu
```

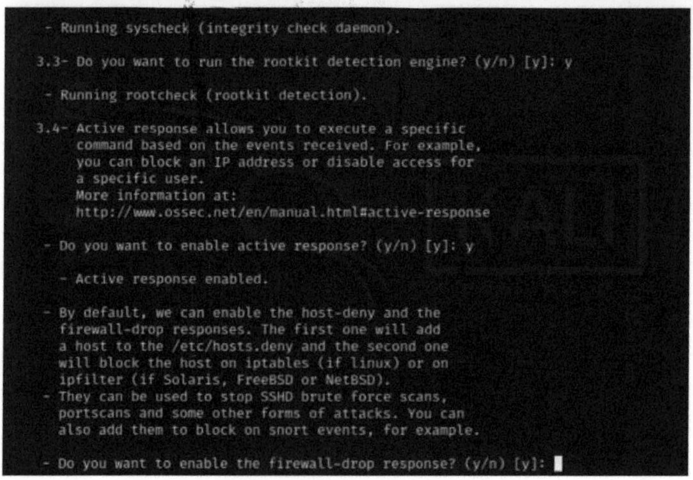

```
   - Running syscheck (integrity check daemon).

  3.3- Do you want to run the rootkit detection engine? (y/n) [y]: y

   - Running rootcheck (rootkit detection).

  3.4- Active response allows you to execute a specific
       command based on the events received. For example,
       you can block an IP address or disable access for
       a specific user.
       More information at:
       http://www.ossec.net/en/manual.html#active-response

   - Do you want to enable active response? (y/n) [y]: y

     - Active response enabled.

   - By default, we can enable the host-deny and the
     firewall-drop responses. The first one will add
     a host to the /etc/hosts.deny and the second one
     will block the host on iptables (if linux) or on
     ipfilter (if Solaris, FreeBSD or NetBSD).
   - They can be used to stop SSHD brute force scans,
     portscans and some other forms of attacks. You can
     also add them to block on snort events, for example.

   - Do you want to enable the firewall-drop response? (y/n) [y]:
```

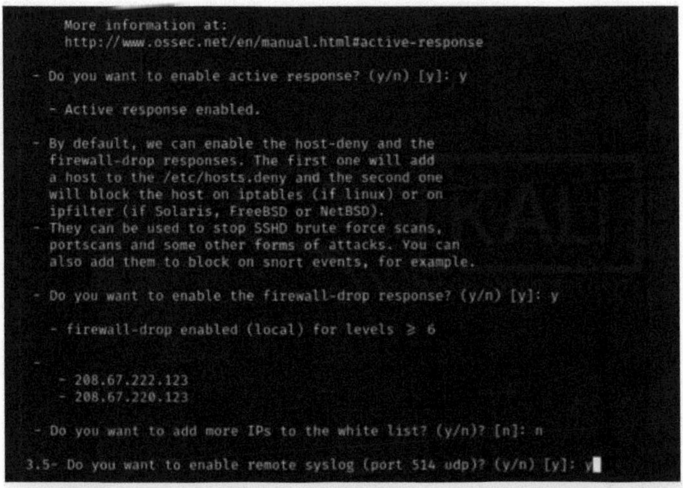

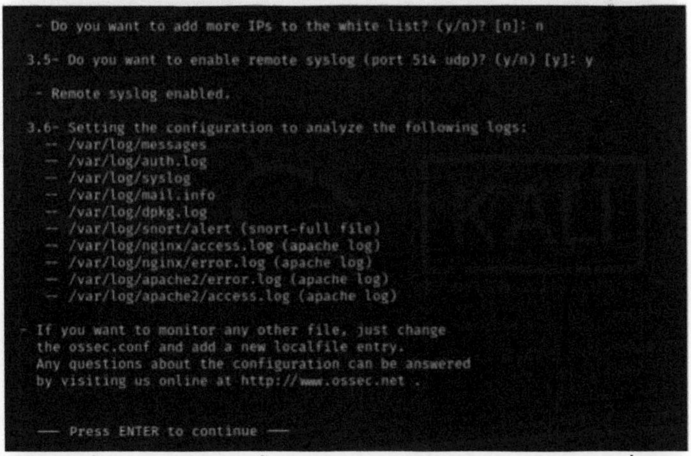

```
    More information at:
    http://www.ossec.net/en/manual.html#active-response

  - Do you want to enable active response? (y/n) [y]: y

    - Active response enabled.

  - By default, we can enable the host-deny and the
    firewall-drop responses. The first one will add
    a host to the /etc/hosts.deny and the second one
    will block the host on iptables (if linux) or on
    ipfilter (if Solaris, FreeBSD or NetBSD).
  - They can be used to stop SSHD brute force scans,
    portscans and some other forms of attacks. You can
    also add them to block on snort events, for example.

  - Do you want to enable the firewall-drop response? (y/n) [y]: y

    - firewall-drop enabled (local) for levels >= 6

  -
      - 208.67.222.123
      - 208.67.220.123

  - Do you want to add more IPs to the white list? (y/n)? [n]: n

3.5- Do you want to enable remote syslog (port 514 udp)? (y/n) [y]: y
```

```
  - Do you want to add more IPs to the white list? (y/n)? [n]: n

3.5- Do you want to enable remote syslog (port 514 udp)? (y/n) [y]: y

  - Remote syslog enabled.

3.6- Setting the configuration to analyze the following logs:
    -- /var/log/messages
    -- /var/log/auth.log
    -- /var/log/syslog
    -- /var/log/mail.info
    -- /var/log/dpkg.log
    -- /var/log/snort/alert (snort-full file)
    -- /var/log/nginx/access.log (apache log)
    -- /var/log/nginx/error.log (apache log)
    -- /var/log/apache2/error.log (apache log)
    -- /var/log/apache2/access.log (apache log)

 - If you want to monitor any other file, just change
   the ossec.conf and add a new localfile entry.
   Any questions about the configuration can be answered
   by visiting us online at http://www.ossec.net .

   --- Press ENTER to continue ---
```

INICIAMOS ENTÃO A INSTALAÇÃO DOS AGENTES OSSEC E ATRIBUÍMOS O AGENTE
ITS IP

```
 -- Press ENTER to continue or Ctrl-C to abort. --

1- What kind of installation do you want (server, agent, local, hybrid or help)? agent

  - Agent(client) installation chosen.

2- Setting up the installation environment.

 - Choose where to install the OSSEC HIDS [/var/ossec]: ENTER
 - Choose where to install the OSSEC HIDS [/var/ossec]:

    - Installation will be made at  /var/ossec .

3- Configuring the OSSEC HIDS.

  3.1- What's the IP Address or hostname of the OSSEC HIDS server?: 192.168.0.100

   - Adding Server IP 192.168.0.100

  3.2- Do you want to run the integrity check daemon? (y/n) [y]: y

   - Running syscheck (integrity check daemon).

  3.3- Do you want to run the rootkit detection engine? (y/n) [y]:
```

```
  3.3- Do you want to run the rootkit detection engine? (y/n) [y]: y

   - Running rootcheck (rootkit detection).

  3.4- Active response allows you to execute a specific
       command based on the events received. For example,
       you can block an IP address or disable access for
       a specific user.
       More information at:
       http://www.ossec.net/en/manual.html#active-response

   - Do you want to enable active response? (y/n) [y]: y

     - Active response enabled.

   - By default, we can enable the host-deny and the
     firewall-drop responses. The first one will add
     a host to the /etc/hosts.deny and the second one
     will block the host on iptables (if linux) or on
     ipfilter (if Solaris, FreeBSD or NetBSD).
   - They can be used to stop SSHD brute force scans,
     portscans and some other forms of attacks. You can
     also add them to block on snort events, for example.

   - Do you want to enable the firewall-drop response? (y/n) [y]: y
```

```
   - Do you want to enable the firewall-drop response? (y/n) [y]: y

     - firewall-drop enabled (local) for levels >= 6

   -
      - 132.238.2.17
      - 132.238.130.12

   - Do you want to add more IPs to the white list? (y/n)? [n]: n
```

```
    - 132.238.2.17
    - 132.238.130.12

  - Do you want to add more IPs to the white list? (y/n)? [n]: n

3.6- Setting the configuration to analyze the following logs:
    -- /var/log/messages
    -- /var/log/auth.log
    -- /var/log/syslog
    -- /var/log/mail.info
    -- /var/log/dpkg.log
    -- /var/log/snort/alert (snort-full file)
    -- /var/log/nginx/access.log (apache log)
    -- /var/log/nginx/error.log (apache log)
    -- /var/log/apache2/error.log (apache log)
    -- /var/log/apache2/access.log (apache log)

 - If you want to monitor any other file, just change
   the ossec.conf and add a new localfile entry.
   Any questions about the configuration can be answered
   by visiting us online at http://www.ossec.net .

   --- Press ENTER to continue ---
```

Utilizámos os alertas predefinidos para obter um exemplo da funcionalidade de análise de registos do Ossec mas, devido a um erro de criação, não foi possível gerá-lo, pelo que adicionámos uma amostra

```
root@ubuntu:~# ps aux
USER       PID %CPU %MEM    VSZ   RSS TTY      STAT START   TIME COMMAND
root         1  0.0  0.0  24472  2452 ?        Ss   13:45   0:02 /sbin/init
root         2  0.0  0.0      0     0 ?        S    13:45   0:00 [kthreadd]
root         3  0.0  0.0      0     0 ?        S    13:45   0:08 [ksoftirqd/0]
root         5  0.0  0.0      0     0 ?        S<   13:45   0:00 [kworker/0:0H]
root         7  0.0  0.0      0     0 ?        S<   13:45   0:00 [kworker/u:0H]
root         8  0.0  0.0      0     0 ?        S    13:45   0:00 [migration/0]
root         9  0.0  0.0      0     0 ?        S    13:45   0:00 [rcu_bh]
root        10  0.0  0.0      0     0 ?        S    13:45   0:11 [rcu_sched]
root        11  0.0  0.0      0     0 ?        S    13:45   0:00 [watchdog/0]
root        12  0.0  0.0      0     0 ?        S    13:45   0:00 [watchdog/1]
root        13  0.0  0.0      0     0 ?        S    13:45   0:07 [ksoftirqd/1]
root        16  0.0  0.0      0     0 ?        S<   13:45   0:00 [kworker/1:0H]
root        17  0.0  0.0      0     0 ?        S<   13:45   0:00 [cpuset]
root        18  0.0  0.0      0     0 ?        S<   13:45   0:00 [khelper]
root        19  0.0  0.0      0     0 ?        S    13:45   0:00 [kdevtmpfs]
root        20  0.0  0.0      0     0 ?        S<   13:45   0:00 [netns]
root        21  0.0  0.0      0     0 ?        S    13:45   0:00 [bdi-default]
root        22  0.0  0.0      0     0 ?        S<   13:45   0:00 [kintegrityd]
root        23  0.0  0.0      0     0 ?        S<   13:45   0:00 [kblockd]
root        25  0.0  0.0      0     0 ?        S<   13:45   0:00 [ata_sff]
root        26  0.0  0.0      0     0 ?        S    13:45   0:00 [khubd]
root        27  0.0  0.0      0     0 ?        S<   13:45   0:00 [md]
root        28  0.0  0.0      0     0 ?        S<   13:45   0:00 [devfreq_wq]
root        30  0.0  0.0      0     0 ?        S    13:45   0:00 [khungtaskd]
root        31  0.0  0.0      0     0 ?        S    13:45   0:01 [kswapd0]
root        32  0.0  0.0      0     0 ?        SN   13:45   0:00 [ksmd]
root        33  0.0  0.0      0     0 ?        SN   13:45   0:00 [khugepaged]
root        34  0.0  0.0      0     0 ?        S    13:45   0:00 [fsnotify_mark]
root        35  0.0  0.0      0     0 ?        S    13:45   0:00 [ecryptfs-kthr]
root        36  0.0  0.0      0     0 ?        S<   13:45   0:00 [crypto]
root        47  0.0  0.0      0     0 ?        S<   13:45   0:00 [kthrotld]
root        50  0.0  0.0      0     0 ?        S    13:45   0:00 [scsi_eh_0]
root        51  0.0  0.0      0     0 ?        S    13:45   0:00 [scsi_eh_1]
root        53  0.0  0.0      0     0 ?        S    13:45   0:00 [scsi_eh_2]
root        54  0.0  0.0      0     0 ?        S    13:45   0:00 [scsi_eh_3]
root        58  0.0  0.0      0     0 ?        S<   13:45   0:00 [binder]
root        77  0.0  0.0      0     0 ?        S<   13:45   0:00 [deferwq]
root        78  0.0  0.0      0     0 ?        S<   13:45   0:00 [charger_manag]
root       228  0.0  0.0      0     0 ?        S<   13:45   0:00 [firewire]
root       249  0.5  0.0  15856  1236 ?        Ss   13:45   1:24 mount.ntfs /dev
root       256  0.1  0.0      0     0 ?        S<   13:45   0:25 [loop0]
```

REFERÊNCIAS

Amrit Pal Singh, Manik Deep Singh, "Analysis of Host-Based and Network-Based Intrusion Detection System", IJCNIS, vol.6, no.8, pp.41-47, 2014. DOI: 10.5815/ijcnis.2014.08.06

Anton Chuvakin, Vladislav V.Myasnyankin, -Complete 2009. CNMT 2009. International Symposium on, 18-20 CorryJanssen, "Network-Based Intrusion Detection tem (NIDS)",12941-techopedia, p:1.

Análise de registos para deteção de intrusões. -InfoSecWriters.com. http://infosecwriters.com/text_resources/pdf/Log_Analysis_DCid.pdf

PARTE II

CONCEPÇÃO E IMPLEMENTAÇÃO DE UM SISTEMA DE PREVISÃO DE VENDAS ATRAVÉS DE UM MODELO DE REGRESSÃO LINEAR

por

Fé Kolo

CAPÍTULO UM

INTRODUÇÃO

1.1 Antecedentes do estudo

A previsão é o processo de efetuar previsões do futuro com base em dados passados e presentes e na análise de tendências. A previsão de vendas é a capacidade de prever as vendas futuras com base nas vendas dos meses anteriores. O sistema de previsão de vendas utiliza vários modelos comprovados, tais como o modelo qualitativo versus quantitativo, o modelo de abordagem média, o modelo de previsão casual/econométrico, o modelo de regressão linear, etc. Estes modelos são modelos comprovados utilizados ao longo dos anos por diferentes institutos financeiros.

Um planeamento eficaz, a curto e a longo prazo, depende das previsões da procura dos produtos da empresa (Heizer, J. (2009). Boas previsões são cruciais para todos os aspectos do negócio: A previsão da procura é o único dado útil até que a procura efectiva seja conhecida. Por conseguinte, as previsões da procura orientam as decisões em muitos domínios: recursos humanos, gestão da capacidade e cadeia de abastecimento.

A previsão é fundamental em qualquer esforço de planeamento (Chase, R. (2014). A curto prazo, uma previsão é necessária para prever o material, produtos, serviços ou outros recursos para responder a alterações na procura. Uma previsão permite ajustar os horários e variar a mão de obra e os materiais. A longo prazo, é necessária para prever a base para mudanças estratégicas, como o desenvolvimento de novos mercados, novos produtos ou serviços e a expansão ou construção de novas instalações.

O planeamento de vendas e operações é um processo que ajuda a prestar um melhor serviço ao cliente, a lidar com inventários mais baixos, a oferecer prazos de entrega mais curtos aos clientes, a estabilizar as taxas de produção e a facilitar a gestão do negócio. Não importa que, devido à evolução dos mercados, as empresas fornecedoras de produtos químicos tenham problemas com a programação das operações e a gestão dos inventários; elas são uma componente fundamental da economia nacional.

A procura das empresas fornecedoras de produtos químicos é muito variável em termos de volume e de apresentação; os seus clientes vão desde uma pequena loja de ferragens até uma fábrica de montagem de automóveis, passando por: empresas farmacêuticas, químicas, petroquímicas e de polímeros, fabricantes de tintas e vernizes, etc. Nalgumas empresas, chegam a manipular 500 materiais diferentes e a ter até 1000 clientes; tudo isto complica o planeamento das suas operações.

Devido aos problemas acima referidos das empresas fornecedoras de produtos químicos, é proposto um sistema para prever as suas vendas com a maior precisão possível. O sistema (algoritmo e software) para a previsão de vendas anual ou mensal calcula um número de vendas possível para cada produto utilizando cinco técnicas, avalia o erro de cada uma delas e selecciona a técnica com menor erro, a partir da qual é proposta a previsão de vendas para cada produto. O objetivo é elaborar planos eficazes para satisfazer adequadamente a procura dos clientes.

De acordo com Thompson (2014), a chave para uma cadeia de abastecimento mais eficiente é a previsão, que depende muito das pessoas, dos processos e da tecnologia. Para obter a participação das vendas, precisamos de 1) Educar os vendedores para que compreendam porque é que a previsão é essencial,

2) Desenvolver um processo de previsão bem estruturado,

3) Definir claramente as funções e responsabilidades, e
4) Facilitar o acesso aos sistemas para facilitar a sua participação.

1.2 Declaração do problema

Este trabalho de investigação foi realizado com o objetivo de descobrir alguns dos problemas dos sistemas convencionais de gestão das previsões de vendas. O contabilista tem de calcular regularmente as previsões utilizando uma fórmula específica de modelo de vendas. A utilização deste método convencional impõe muitos constrangimentos à previsão de vendas, uma vez que é necessário muito tempo para efetuar previsões utilizando qualquer modelo adotado pelo gestor de vendas, contabilista ou consultor financeiro.

1.3 Objetivo do estudo

O objetivo deste estudo é conceber e implementar um sistema de previsão de vendas utilizando um modelo de regressão linear.

1.4 Objetivo do estudo

Tendo em conta os problemas acima referidos, este projeto tem como objetivo a implementação de um sistema de previsão de vendas utilizando um modelo de regressão linear e com um sistema de POS adicionado.

1. Gerir e prever as vendas.
2. Automatizar a gestão de clientes, produtos e fornecedores no sistema.
3. Gerir o acesso ao sistema e as funções no sistema.
4. Gerir todos os utilizadores do sistema.

1.5 Importância do estudo

Os projectos proporcionam um enquadramento flexível para envolver os alunos na exploração de tópicos curriculares e no desenvolvimento de competências importantes do século XXI, como a comunicação, o trabalho em equipa e as competências tecnológicas. Além disso, os alunos sentem-se motivados pelo formato divertido e criativo e pela oportunidade de fazer novos amigos em todo o mundo.

Este trabalho de investigação proporcionará uma forma fiável de gerir as vendas e a previsão de vendas utilizando um modelo de regressão linear para prever as vendas numa instituição financeira. Além disso, ajudará a representação estrutural de documentos e eliminará o tédio de realizar transacções monótonas. Esta investigação também contribuirá para a literatura existente nesta área e servirá de guia ou projeto para um estudante de licenciatura. O sistema de previsão de vendas ajuda a organização a prever as receitas de vendas possíveis, a afetar recursos de forma eficiente, a planear o crescimento futuro, etc. À medida que o seu negócio cresce, as previsões de vendas continuam a ser uma medida importante da saúde de uma empresa. Wall Street mede o sucesso de uma empresa pela forma como esta cumpre as suas previsões de vendas trimestrais e o efeito global de uma previsão de vendas precisa é uma empresa que funciona de forma mais eficiente, poupando dinheiro em excesso de inventário, aumentando o lucro e servindo melhor os seus clientes.

1.6 Âmbito do estudo

Este trabalho de investigação tem por objetivo desenvolver um sistema capaz de gerir diariamente as vendas através de um método "Point of Sales (POS)" e de prever as vendas através de um modelo de regressão linear.

O sistema não incorporará no seu desenvolvimento todos os modelos utilizados para a previsão de vendas, mas centrar-se-á apenas nos modelos e funcionalidades. O sistema não será responsável por qualquer perda de dados se o seu ambiente (rede/sistema instalado no mesmo) estiver corrompido.

Este trabalho de investigação "conceção e implementação de um "sistema de previsão de vendas" será uma aplicação baseada na Web e será implementado num sistema de base de dados relacional (MySQL), Html (linguagem de marcação de hipertexto), css (folha de estilo em cascata) e jQuery serão utilizados para conceber a interface Web do utilizador, php (pré-processador de hipertexto) será utilizado como linguagem de script do lado do servidor para ligar a interface e a base de dados.

1.7 Limitações do estudo

Normalmente, todos os trabalhos têm algumas limitações, e este estudo não está isento disso. As duas principais limitações deste estudo são a elevada técnica de programação e as restrições financeiras. A elevada limitação da técnica de programação em PHP, JQUERY e MYSQL impede o investigador de efetuar um estudo e uma análise aprofundados sobre o tema em questão. Por outro lado, a questão dos constrangimentos financeiros limita a frequência da investigação na/da instituição para recolher as informações necessárias e relevantes para o estudo.

1.8 Definição de termos

POS - Ponto de venda

CÓDIGO HTML- HTML significa Hyper Text Markup Language (linguagem de marcação de hipertexto). É um tipo de linguagem informática utilizada principalmente para ficheiros que são publicados na Internet e visualizados pelos navegadores Web. Os ficheiros HTML também podem ser enviados por correio eletrónico.

Linguagem de marcação - Uma linguagem de marcação é uma combinação de palavras e símbolos que dão instruções sobre a forma como um documento deve aparecer. Por exemplo, uma etiqueta pode indicar que as palavras são escritas em itálico ou negrito.

Web browser - Um Web browser é um programa de software que interpreta a linguagem de codificação da World Wide Web em forma gráfica, apresentando a tradução em vez da codificação. Isto permite a qualquer pessoa "navegar na Web" através de uma simples navegação de *apontar e clicar*, ignorando a necessidade de conhecer os comandos utilizados nas linguagens de software.

Extensão de ficheiro - Uma extensão de ficheiro é o sufixo no final de um nome de ficheiro que indica ao computador, e ao utilizador do computador, qual o programa necessário para abrir o ficheiro. Também designado por extensão de nome de ficheiro, este sufixo, precedido de pelo menos um ponto final, tem geralmente um a cinco caracteres, mas a norma é geralmente três caracteres.

Correio eletrónico - O correio eletrónico, por vezes também escrito como e-mail, é simplesmente a forma abreviada de correio eletrónico, um protocolo para receber, enviar e armazenar mensagens electrónicas. O correio eletrónico ganhou popularidade com a difusão da Internet. Em muitos casos, o correio eletrónico tornou-se o método de comunicação preferido.

TCP/IP - Este conjunto de operações frequentemente utilizado, mas pouco compreendido, significa Transmission Control Protocol/Internet Protocol (Protocolo de Controlo de Transmissão/Protocolo de Internet). O TCP/IP é a combinação dos dois e descreve o conjunto de protocolos que permite aos anfitriões ligarem-se à Internet. O TCP/IP é uma combinação de mais do que estes dois protocolos, mas as partes TCP e IP do TCP/IP são as principais e as únicas que fazem parte do acrónimo que descreve as operações envolvidas.

FICHEIRO DE TEXTO - Um ficheiro de texto é um ficheiro de computador que armazena um documento dactilografado como uma série de caracteres alfanuméricos, normalmente sem informação de formatação visual. O conteúdo pode ser uma nota ou lista pessoal, um artigo de jornal ou diário, um livro ou qualquer outro texto que possa ser processado com exatidão em formato dactilografado.

Hiperligação - Uma hiperligação é um gráfico ou uma parte de texto num documento da Internet que pode ligar os leitores a outra página Web ou a outra parte de um documento. Os utilizadores da Web encontrarão normalmente pelo menos uma hiperligação em cada página Web. A forma mais simples é designada por texto incorporado ou ligação incorporada.

www - acrónimo de World Wide Web

1.9 Apresentação do capítulo

Esta secção foi criada para explicar o que cada capítulo faz. O capítulo um apresenta o projeto proposto, explicando os problemas que o projeto deve resolver, o objetivo do estudo e a justificação da investigação descrevem ao leitor a finalidade e a importância da investigação sobre este tema, a metodologia da investigação diz respeito ao método utilizado na execução do trabalho de investigação, o âmbito e as limitações descrevem os limites do trabalho de investigação e onde o trabalho do projeto pode ser utilizado.

O capítulo dois trata da revisão da literatura e do estado da arte. Este capítulo aborda a revisão da literatura, o que as pessoas publicaram em relação a este trabalho de investigação e as suas deficiências, bem como a forma como a presente investigação pode melhorar essas deficiências.

O capítulo três trata da metodologia de conceção do sistema, ou seja, a coleção de ferramentas, métodos e práticas para realizar uma tarefa; a especificação dos requisitos indica as expectativas da análise do sistema e a conceção, que é o projeto do que o sistema irá realizar.

O quarto capítulo trata da implementação, das estratégias de teste do sistema, dos requisitos do sistema informático alvo, da manutenção do software, etc.

O quinto capítulo aborda as recomendações e a parte conclusiva do trabalho de investigação e a forma como este trabalho pode ser aplicado ao domínio do problema.

CAPÍTULO DOIS

REVISÃO DA LITERATURA

2.1 . Uma visão geral do ponto de venda computadorizado

Uma previsão de vendas é uma previsão das receitas de vendas com base na análise do histórico de vendas, das condições de mercado e das estimativas dos vendedores. As receitas de vendas afectam todos os aspectos de uma empresa, pelo que uma previsão de vendas precisa é essencial para informar as decisões empresariais. Para cada empresa que envolve vendas diárias, são necessários dois sistemas instalados para uma gestão e um crescimento adequados, sendo o primeiro um ponto de venda (POS) e um sistema de previsão de vendas. O sistema de vendas é responsável pelas suas vendas diárias e pelo inventário e previsão de vendas para uma previsão adequada que ajude a orientar o investimento futuro.

2.1.1 As vantagens do Pos

Para poupar dinheiro, o pos tem as seguintes vantagens

(i) Eliminar a quebra. Um sistema de ponto de venda computorizado pode reduzir drasticamente a quebra, o inventário que desaparece da sua loja ou restaurante devido a roubo, desperdício e utilização incorrecta por parte dos funcionários. Uma vez que os empregados sabem que o inventário está a ser cuidadosamente controlado, a quebra interna diminuirá.

(ii) Melhorar a precisão. Quer utilize ou não a leitura de códigos de barras, os sistemas POS garantem que todos os artigos da sua loja ou do seu menu são vendidos pelo preço correto. O seu pessoal nunca mais irá introduzir incorretamente ou adivinhar preços e pode alterar os preços com apenas um toque no computador.

(iii) Obter melhores margens. Os relatórios de vendas detalhados podem ajudá-lo a concentrar-se em artigos com margens mais elevadas. Ao deslocar artigos dentro de um local de venda a retalho ou ao promover pratos com fraco desempenho num restaurante, pode ajudar a aumentar as vendas de artigos de elevado lucro.

Para obter mais informações, o pos tem a seguinte vantagem:

(iv) Saiba qual é a sua posição. Em qualquer altura do dia, um sistema POS pode dizer-lhe instantaneamente quantas unidades de um determinado produto foram vendidas hoje (ou na semana passada, ou no mês passado), quanto dinheiro tem na gaveta da caixa e quanto desse dinheiro é lucro.

(v) Gerir melhor o inventário. Os relatórios de vendas detalhados tornam muito mais fácil manter o stock certo à mão. Acompanhe o seu inventário restante, identifique tendências de vendas e utilize dados históricos para prever melhor as suas necessidades. Muitas vezes, o software pode alertá-lo para que volte a encomendar quando as existências estiverem a acabar. Muitos proprietários de lojas que pensam saber exatamente quais as tendências que os afectam encontram algumas surpresas quando dispõem destes dados.

Criar uma lista de clientes. Recolha os nomes e endereços dos seus melhores clientes como parte das transacções normais. Em seguida, utilize a lista para publicidade direccionada ou programas de incentivo.

Se considerarmos o impacto do POS no aumento da produtividade, obtêm-se os seguintes benefícios

(vi) Reduzir a papelada. Os sistemas POS podem reduzir drasticamente o tempo que tem de despender com o inventário, números de vendas e outra papelada repetitiva mas importante. A poupança aqui: tempo e paz de espírito.

(vii) Transacções mais eficientes. No comércio a retalho, os leitores de códigos de barras e outras funcionalidades dos POS tornam a caixa muito, muito mais rápida. Os restaurantes verão o seu processo de encomendas bastante simplificado, uma vez que as encomendas são transmitidas automaticamente para a cozinha a partir da sala de refeições. Em ambos os casos, os seus clientes obtêm um serviço mais rápido e preciso.

Não se esqueça de que a concretização destes benefícios requer um compromisso de utilização das capacidades do sistema POS ao máximo. Sem formação adequada e análise contínua, mesmo o sistema POS mais sofisticado não será mais útil do que uma caixa registadora básica.

Poucas compras podem ter um efeito tão dramático no seu negócio de retalho ou hotelaria como um sistema de ponto de venda (POS). O sistema de POS correto dar-lhe-á um novo nível de controlo sobre as suas operações, aumentando a eficiência, impulsionando os lucros e ajudando-o a afinar o seu modelo de negócio. (Heerken, 2001) O sistema errado, no entanto, pode ser um desperdício de dinheiro e uma fonte de frustração contínua.

Mudar de uma caixa registadora tradicional para um sistema POS informatizado pode ser difícil - há muitos factores a considerar e algumas armadilhas a evitar. No entanto, o retorno do investimento e os benefícios para o seu negócio podem fazer valer a pena o seu tempo e esforço.

No sentido mais básico, um sistema POS é uma caixa registadora glorificada (Kerzner, 2003). O sistema POS mais básico é composto por um computador, uma gaveta de dinheiro, uma impressora de recibos, um monitor e um dispositivo de entrada, como um teclado ou um scanner. No entanto, para além de serem mais eficientes do que as caixas registadoras, os sistemas POS podem criar relatórios detalhados que podem ajudá-lo a tomar decisões comerciais mais informadas.

Os sistemas POS poupam dinheiro, proporcionam ganhos de produtividade e podem reduzir a quantidade de tempo que passa longe do foco principal do seu negócio. Este Guia do Comprador de Sistemas POS orientá-lo-á no processo de avaliação de vários fornecedores de POS e na escolha do sistema correto.

2.1.2 As vantagens da previsão de vendas

As vendas e previsões comerciais implicam muito tempo e um planeamento cuidadoso, utilizando vários modelos de previsão. Eis as vantagens:

1. Ajudar a prever o futuro

A previsão não lhe dá uma bola de cristal para ver exatamente o que vai acontecer ao mercado e à sua empresa nos próximos anos, mas ajuda-o a ter uma ideia geral. Isto dar-lhe-á um sentido de orientação que permitirá à sua empresa tirar o máximo partido do mercado.

2. Mantenha o seu cliente satisfeito.

Com a previsão de vendas, tem a certeza de saber quais as mercadorias com maior procura, fornecendo muitas em stock para a satisfação contínua do cliente.

3. Aprender com o passado.

O facto de ter amplos pormenores sobre os erros do passado pode ajudar a colocar a empresa no pedestal certo, obrigando-a a pensar continuamente no seu futuro e no rumo que a sua empresa está a tomar.

4. Manter-se competitivo

É muito importante ter uma ideia geral das vendas que se podem esperar nos próximos meses. Isto ajuda as empresas a prepararem-se para

2.2 **Modelos de previsão de vendas por regressão linear.**

A regressão linear é uma abordagem para modelar a relação entre uma variável dependente escalar e uma ou mais variáveis explicativas (ou variáveis independentes) denotadas X (Wikipedia, 2016). O caso de uma variável explicativa é designado por regressão linear simples. Para mais do que uma variável explicativa, o processo é designado por regressões lineares múltiplas. (Este termo deve ser distinguido da regressão linear multivariada, em que são previstas múltiplas variáveis dependentes correlacionadas, em vez de uma única variável escalar).

A regressão linear é uma abordagem para modelar a relação entre uma variável dependente escalar e uma ou mais variáveis explicativas (ou variáveis independentes) denotadas X. O caso de uma variável explicativa é designado por regressão linear simples. Para mais do que uma variável explicativa, o processo é designado por regressões lineares múltiplas. (Este termo deve ser distinguido da regressão linear multivariada, em que são previstas múltiplas variáveis dependentes correlacionadas, em vez de uma única variável escalar.

2.3 **POS de hotelaria vs. POS de retalho Sistemas POS de retalho**

O mercado de POS está dividido em dois segmentos com necessidades muito diferentes: operações de retalho e empresas de hotelaria como restaurantes, bares e hotéis.

2.3.1 Sistemas de POS de retalho

Dos dois grupos, os retalhistas têm necessidades de POS mais simples. As suas transacções são concluídas de uma só vez e existe frequentemente uma menor variação nos tipos de produtos que vendem. Algumas características dos POS que os retalhistas podem querer especificamente incluem a capacidade de suportar kits (por exemplo, ofertas de 3 por 2 dólares), devoluções e trocas e suporte para balanças digitais.

Uma potencial complicação em alguns ambientes de retalho é a necessidade de uma matriz de produto. O seu sistema de POS de retalho terá de suportar matrizes se vender artigos que vêm numa variedade de estilos, como roupa ou sapatos. Por exemplo, as matrizes permitem-lhe criar um inventário e uma entrada de preço para uma camisola em particular, mas continuar a controlar as vendas de acordo com o tamanho e a cor.

2.3.2 Sistema POS para hotelaria

Dependendo do tipo de estabelecimento, os restaurantes e outras empresas do sector da hotelaria e restauração têm requisitos diferentes em relação aos sistemas POS.

A eficiência é o principal objetivo dos restaurantes casuais. Para os restaurantes de estilo retalhista, como as sublojas, os sistemas de POS que transmitem os pedidos de entrada reduzem o tempo por transação e reduzem os erros que podem ocorrer quando os pedidos rabiscados à pressa são devolvidos à cozinha. Para os restaurantes de serviço rápido, os sistemas POS são praticamente um requisito para fazer jus ao seu nome: as encomendas efectuadas em terminais na frente são automaticamente apresentadas em monitores na área de preparação de alimentos, prontas para serem rapidamente montadas e entregues ao cliente.

Para os restaurantes de serviço de mesa e de refeições requintadas, os requisitos de POS são um pouco diferentes. Incluem a necessidade de poder criar e armazenar cheques abertos, à medida que as partes pedem mais horas extraordinárias, bem como controlar qual o empregado responsável por cada mesa. A eficiência obtida com uma melhor gestão pode ser impressionante. Se um restaurante com 20 mesas e um cheque médio de 45 dólares puder aumentar o volume de negócios em uma festa por mesa, isso representa um acréscimo de 900 dólares numa noite movimentada.

Lewis (2002) afirmou que um sistema POS de hotel bem integrado permite transferir os custos das refeições da sala de jantar para os quartos dos hóspedes com apenas um ou dois botões premidos. Os gestores hoteleiros devem estar cientes de que nem todos os sistemas POS se integram com todos os programas de gestão hoteleira.)

2.4 **Vantagens de um ponto de venda eletrónico**

Um sistema de ponto de venda informatizado é um programa informático que tira o melhor partido de um sistema manual e das funcionalidades das caixas registadoras electrónicas. Um ponto de venda eletrónico permite-lhe armazenar registos de clientes e fornecedores, criar cotações que podem ser posteriormente convertidas em facturas ou vendas a dinheiro, controlar e categorizar o seu inventário de uma forma fácil e gerar relatórios com um simples clique num botão! (Lewis, 2002). Com os actuais computadores de alto desempenho e os grandes dispositivos de armazenamento, uma pessoa pode facilmente gerir a sua empresa num computador de escritório (dependendo da dimensão da empresa).

Berkun (2005), no seu livro, afirma que um sistema de software de ponto de venda liga e integra todos os componentes da sua empresa numa única aplicação; o inventário, as vendas, os clientes e os fornecedores são os componentes básicos de um sistema deste tipo. É exatamente isto que a solução de ponto de venda Skiworks tem para lhe oferecer, um sistema integrado e completo num sistema de software simples de utilizar!

2.5 **Desenho Web**

A conceção da Web é a "capacidade de criar apresentações de conteúdos (geralmente hipertexto ou hipermédia) que são entregues a um utilizador final através da World Wide Web, por meio de um navegador Web ou de outro software habilitado para a Web, como clientes de televisão na Internet, clientes de microblogging e leitores de RSS" (Thorn M. 2013).

O objetivo da conceção da Web é criar um sítio Web - uma coleção de documentos electrónicos e aplicações que residem num servidor/servidores Web e apresentam conteúdos e funcionalidades/interfaces interactivas ao utilizador final sob a forma de páginas Web, uma vez solicitadas. Elementos como texto, imagens de mapa de bits (GIFs, JPEGs) e formulários podem ser colocados na página utilizando etiquetas HTML/XHTML/XML. A apresentação de meios de comunicação mais complexos (gráficos vectoriais, animações, vídeos e sons) requer plug-ins como o Adobe Flash, QuickTime, Java run-time environment, etc. Os plug-ins também são incorporados na página Web através de etiquetas HTML/XHTML (Thorn M. 2013).

As melhorias na conformidade dos navegadores com as normas W3C levaram a uma aceitação e utilização generalizadas do XHTML/XML em conjunto com as folhas de estilo em cascata (CSS) para posicionar e manipular elementos e objectos da página Web. As normas e propostas mais recentes têm por objetivo permitir que os navegadores forneçam uma grande variedade de conteúdos e opções de acessibilidade ao cliente, possivelmente sem recorrer a plug-ins.

Normalmente, as páginas Web são classificadas como estáticas ou dinâmicas:

As páginas estáticas não alteram o conteúdo e a disposição com cada pedido, a menos que um ser humano (webmaster/programador) actualize manualmente a página. Uma página HTML simples é um exemplo de conteúdo estático.

As páginas dinâmicas adaptam o seu conteúdo e/ou aspeto em função da entrada/interação do utilizador final ou de alterações no ambiente informático (utilizador, hora, modificações da base de dados, etc.). O conteúdo pode ser alterado no lado do cliente (computador do utilizador final) utilizando linguagens de script do lado do cliente (JavaScript, JScript, Action script, etc.) para alterar elementos DOM (DHTML). O conteúdo dinâmico é frequentemente compilado no servidor utilizando linguagens de script do lado do servidor (Perl, PHP, ASP, JSP, ColdFusion, etc.). Ambas as abordagens são normalmente utilizadas em aplicações complexas.

Com a crescente especialização no domínio das tecnologias da informação, existe uma forte tendência para estabelecer uma linha clara entre a conceção e o desenvolvimento Web.

O web design é um tipo de design gráfico destinado ao desenvolvimento e à estilização de objectos do ambiente de informação da Internet, a fim de os dotar de características e qualidades estéticas de topo de gama para o consumidor. A definição proposta separa o web design da programação web, realçando as características funcionais de um sítio web, bem como posicionando o web design como um tipo de design gráfico.

O processo de conceção de páginas Web, sítios Web, aplicações Web ou multimédia para a Web pode utilizar várias disciplinas, como animação, autoria, design de comunicação, identidade corporativa, design gráfico, interação homem-computador, arquitetura da informação, design de interação, marketing, fotografia, otimização de motores de busca e tipografia.

Linguagens de marcação (como HTML, XHTML e XML)

Linguagens de folha de estilo (como CSS e XSL)

Scripting do lado do cliente (como JavaScript)

Scripting do lado do servidor (como PHP e ASP)

Tecnologias de bases de dados (como MySQL e PostgreSQL)

Tecnologias multimédia (como o Flash e o Silverlight)
As páginas Web e os sítios Web podem ser páginas estáticas ou podem ser programadas para serem páginas dinâmicas que adaptam automaticamente o conteúdo ou o aspeto visual em função de uma série de factores, tais como os contributos do utilizador final, os contributos do Webmaster ou as alterações no ambiente informático (como a modificação da base de dados associada ao sítio).
Com a crescente especialização nos domínios do design de comunicação e das tecnologias da informação, existe uma forte tendência para traçar uma linha clara entre *o web design* especificamente para páginas Web e *o desenvolvimento Web* para a logística global de todos os serviços baseados na Web (Thorn M. 2013).

2.6 **Escolher o software de Web Design**

O melhor software de web design pode depender de muitos factores. É necessário determinar o grau de avanço, bem como a facilidade de utilização. Para um web designer profissional, será necessário um software com todas as funcionalidades mais recentes. Por outro lado, para um designer sem experiência com computadores e que pretende apenas criar um sítio com fotografias da família ou um blogue, um programa mais simples será mais adequado às suas necessidades.
Existem muitos programas de software de web design no mercado e são lançados novos programas a toda a hora, à medida que a tecnologia avança. Para os designers profissionais, é necessário encontrar software de design que suporte linguagens de programação complexas. Alguns até permitem codificar a linguagem que está a utilizar diretamente no software.
Estes programas complexos de web design são necessários para sítios maiores que requerem scripts sofisticados de interface de gateway comum (CGI) e outros comandos de backend. Os scripts mais complicados são importantes para que o sítio leia e envie formulários, pagamentos em linha, apresente gráficos e vídeos e forneça outras funcionalidades tecnologicamente avançadas. Ao escolher software para utilização profissional, certifique-se de que o sítio ou a embalagem indica que é adequado para designers profissionais.
Para os designers principiantes que necessitam de software de Web design mais para uso pessoal do que profissional, um programa simples é provavelmente mais adequado. Existem muitas aplicações de software comercial disponíveis que permitem aos consumidores comuns criar sítios muito atractivos com pouco ou nenhum conhecimento técnico. Geralmente, esses programas fornecem um layout simples que pode ser alterado com texto, gráficos e fundos coloridos (isoftwarereviews.com/web-design-software/).

2.7 **Construtor Web WYSIWYG / Software de Web Design?**

WYSIWYG é o acrónimo de What You See Is What You Get (O que vê é o que obtém). Significa simplesmente que o software fornece uma interface de edição que se assemelha à forma como a página será apresentada num navegador Web. E não requer qualquer conhecimento ou experiência em HTML para criar uma página ou sítio Web. Isto torna o programa simples e fácil de utilizar, especialmente para os utilizadores comuns de computadores. O programa torna o processo de criação de páginas Web mais rápido e mais fácil do que utilizar um editor de texto ou um editor HTML.
Todo o Web design WYSIWYG oferece uma funcionalidade de arrastar e largar fácil de utilizar, que permite ao utilizador adicionar imagens, texto, ligações e outros elementos Web com cliques do rato. O bom programa suporta muitas linguagens Web, incluindo HTML, XHTML, CSS, JavaScript, PHP, ASP.NET, ASP.NET e AJAX. Também pode encontrar muitas ferramentas úteis no programa, tais como FTP incorporado, modelos, editores de

fotografias, limpador de HTML, validação de HTML, verificação ortográfica e muito mais. Este tipo de programa oferece soluções completas de Web design para todos os tipos de web designers e programadores Web, quer seja um novato ou um designer experiente, um amador ou um designer profissional (www.isoftwarereviews.com/web-design-software-reviews/).

2.8 Revisões do software de design de sites WYSIWYG

Temos diferentes WYSIWYG. Seguem-se alguns dos WYSIWYG atualmente existentes no mercado.

2.8.1 Adobe Dreamweaver

(Windows,Mac)

O Adobe Dreamweaver é o mais poderoso programa de software de web design atualmente existente no mercado. É um produto da Adobe Systems Inc. Pode ouvir muitas pessoas dizerem que é também um popular criador e editor de sítios Web WYSIWYG, ou que é um pacote de software de conceção de páginas Web completo. Sim, é verdade. É a melhor escolha para web designers e programadores web profissionais. Oferece inúmeras funcionalidades que vão desde as funções normais às avançadas (isoftwarereviews.com/adobe- dreamweaver/).

O Dreamweaver tem um historial de produção de código HTML e XHTML que está em conformidade com as normas Web. (David A., 2010)

2.8.2 Microsoft Expression Web

(Windows)

O Microsoft Expression Web é um criador e editor de sítios Web WYSIWYG da Microsoft Corporation. O Expression Web (a versão mais recente é o Expression Web 2) substituiu o FrontPage como a principal ferramenta de conceção Web da Microsoft e foi concebido para competir com o Dreamweaver da Adobe. As primeiras análises indicam que o Expression Web é muito mais compatível com as normas Web actuais do que o FrontPage e é uma alternativa viável ao Dreamweaver (O'Reilly, 2007).

2.8.3 CoffeeCup Visual Site Designer

(Windows)

O CoffeeCup Visual Site Designer é um dos criadores e editores de sítios Web WYSIWYG mais populares do mercado atual. É um produto da CoffeeCup Software, Inc. O programa foi concebido para o ajudar a criar páginas Web com facilidade e rapidez, e pode criar uma página Web mesmo que não tenha experiência ou conhecimentos de HTML.

O programa fornece uma interface de arrastar e largar que permite simplesmente arrastar e largar imagens ou texto na página. Isto torna o processo de design rápido e simples; pode ajustar a imagem ou o texto até obter o que pretende. O software é fornecido com 10 temas de páginas Web para o iniciar(www.isoftwarereviews.com/coffeecup-visual-site-designer/).

2.8.4 Serif WebPlus

(Windows)

O Serif WebPlus é um dos pacotes de software de web design mais populares atualmente no mercado. É um criador e editor de sítios Web WYSIWYG desenvolvido pela Serif Ltd. O programa foi concebido para todos os tipos de utilizadores, quer se trate de um novato ou de um designer experiente, de um amador ou de um designer comercial. Pode conceber e criar sítios Web profissionais sem necessidade de código complicado, programação ou experiência em design. Com a funcionalidade de arrastar e largar, pode criar um

sem necessidade de aprender HTML. Pode adicionar botões, tipos de letra, cores, tabelas e outros elementos da Web arrastando e largando com o rato. Os atalhos de teclado e as ferramentas no ecrã são personalizáveis (isoftwarereviews.com/serif-webplus/).

2.8.5 WebEasy Professional

(Windows)

O WebEasy Professional é uma solução de software de web design da Avanquest Software. Oferece uma solução completa para a criação de sítios Web. Existem duas edições do WebEasy Professional, a Standard e a Platinum Edition. A edição Platinum tem um preço mais elevado e funcionalidades mais avançadas, como as soluções avançadas de comércio eletrónico para gestão de produtos, inventário e clientes. O programa inclui um plano de alojamento de 1 ano, ou pode utilizar o seu próprio plano, se preferir (www.isoftware.com/webeasy-professional/).

2.8.6 NetObjects Fusion

(Windows)

O NetObjects Fusion é um programa de software profissional de Web design WYSIWYG desenvolvido pela NetObjects Inc. É uma versão paga que possui características mais avançadas do que a edição gratuita, NetObjects Fusion Essentials. Com a nova integração AJAX, o programa utiliza a poderosa estrutura Ajax para combinar XHTML, CSS, JavaScript e XML numa interface de arrastar e largar sem problemas. O programa permite-lhe conceber o seu sítio Web com layouts de arrastar e largar, ferramentas de gestão de sítios, ferramentas de comércio eletrónico, imagens de sobreposição, HTML e scripts personalizados, carregar ficheiros com FTP incorporado (www.isoftwarereviews.com/netobjects-fusion/).

2.8.7 Namo WebEditor

(Windows)

O Namo WebEditor é um editor WYSIWYG, uma solução de software de web design da SJ NAMO, Inc. Esta aplicação de criação Web permite-lhe criar, editar, publicar e gerir os seus sítios Web. Com a sua interface fácil de utilizar e semelhante à do Microsoft Office, familiariza-se com o programa. Pode criar um site rapidamente utilizando modelos e temas incorporados para satisfazer as suas necessidades. Existem vários modelos, incluindo pessoal, empresa, educação, comunidade, restaurante, hotel e site de apresentação. Fornece-lhe todas as funcionalidades padrão de web design (www.isoftreviews.com/namo-webeditor/).

2.8.8 Primeira página do Evrsoft

(Windows)

First Page é um programa de software de web design desenvolvido pela Evrsoft. O programa foi concebido para o desenvolvimento profissional da Web. Este editor WYSIWYG fornece várias funcionalidades úteis de web design e suporte para HTML, XHTML, PHP, ASP, Cold Fusion, JavaScript, CSS, SSI e Perl. Mas o programa não foi atualizado desde 2006 (www.isoftwareReviews.com/evrsoft- first-page/).

2.8.9 Ferramentas do kit HTML

(Windows)

O HTML-Kit Tools é um programa de software de web design para web designers e programadores. É a nova versão do HTML-Kit (o HTML-Kit é um editor HTML gratuito que pode ser descarregado e utilizado gratuitamente). Existem muitas novas funcionalidades importantes no HTML-Kit Tools, tais como uma interface de utilizador intuitiva; projectos com pastas FTP virtuais e remotas; capacidade de transportar o HTML-Kit Tools, as definições, os modelos e os plug-ins em dispositivos USB portáteis; nova interface HTML Tidy que pode realçar as sugestões de melhoramento do código; visualização da estrutura do documento e das funções para HTML, XHTML, XML, CSS, PHP e muito mais (www.isoftwarereviews.com/html-kit-tools/).

2.8.10 Construtor Web WYSIWYG

(Windows)

O WYSIWYG Web Builder é um programa de software de web design desenvolvido pela Pablo Software Solutions. O WYSIWYG Web Builder é uma ferramenta de construção de sítios Web que o ajuda a conceber e construir sítios Web completos sem saber HTML. Quando pré-visualiza ou publica uma página, o Web Builder gera automaticamente o código HTML de que o seu navegador Web necessita para apresentar as páginas. A ideia subjacente a esta aplicação é ocultar o HTML do utilizador. O WYSIWYG Web Builder não é um editor de HTML, mas sim um gerador de HTML. Nem sequer precisa de saber se há HTML envolvido. Basta arrastar e largar imagens, texto e outros objectos na sua página e esta estará pronta a ser publicada. O Web Builder não edita o HTML diretamente, mas utiliza o seu próprio formato de ficheiro (.wbs) para armazenar a informação do sítio Web. Pode até armazenar todo o seu sítio Web num único ficheiro. Por não utilizar HTML internamente, o Web Builder pode fazer muito mais do que apenas gerar objectos HTML normais: suporta formas, desenhos, barras de navegação, feeds RSS, blogues, galerias de fotografias, javascripts prontos a utilizar e objectos muito mais avançados (Meer, 2009).

CAPÍTULO TRÊS

METODOLOGIA DE INVESTIGAÇÃO

Este capítulo centra-se na metodologia de conceção do sistema e abrange áreas como a especificação de requisitos, que tem por objetivo definir os requisitos do sistema proposto.

A conceção do sistema também será analisada, abrangendo áreas como o diagrama de actividades, o diagrama de classes e o diagrama de casos de utilização. No final deste capítulo, será apresentada a estrutura da conceção da base de dados.

3.2 Métodos de recolha de dados

O método de estudo baseia-se em informações provenientes de vários documentos, sítios Web e artigos da Internet. Por outras palavras, a investigação tem uma abordagem de investigação secundária.

3.2.1 Entrevista

As conclusões do processo de investigação foram recolhidas para identificar plenamente as áreas problemáticas do sistema atual. Foram identificadas algumas falhas que o sistema proposto pretende corrigir. Esta fase é uma fase intermédia importante entre a investigação e a conceção.

3.2.2 Observação

Naturalmente, a observação é o processo de entusiasmar um acontecimento e, para este projeto, a observação é a participação na procura da atribuição do projeto para compreender o conjunto do sistema ou do processo.

3.3 Justificação da linguagem de programação

O Adobe Dreamweaver é o programa de software de Web design mais poderoso do mercado atual. O Adobe Dreamweaver ganhou popularidade graças à sua funcionalidade WYSIWYG (wee-see-wee- what you see is what you get). O Dreamweaver é utilizado neste trabalho de investigação para a conceção da aplicação. O Dreamweaver é um programa de desenvolvimento de sítios Web poderoso, mas fácil de utilizar, que faz a ponte entre o designer e o programador. Embora inclua funcionalidades avançadas para o desenvolvimento de aplicações complexas baseadas em dados na Web, a interface intuitiva e as extensas

bibliotecas do Dreamweaver permitem que até o web designer principiante desenvolva um sítio Web profissional de forma rápida e fácil.
A interface do Dreamweaver facilita a conceção e a gestão de Web sites simples e complexos, fornecendo uma interface de apontar e clicar que simplifica a maioria das tarefas. Os designers podem arrastar e largar elementos da página na vista Design, enquanto os programadores podem trabalhar diretamente com o código da página, utilizando as várias ferramentas que o Dreamweaver fornece para garantir a sintaxe correcta. A linguagem de programação utilizada é o PHP. Esta linguagem foi escolhida devido às suas características orientadas para objectos e bibliotecas de classes para o desenvolvimento de aplicações online.

3.4 Especificação dos requisitos do sistema

Para conceber e implementar um sistema eficiente, existem alguns requisitos básicos que são cruciais e devem ser considerados; estes requisitos do sistema incluem o seguinte

- O sistema deve ter controlos de acesso de segurança que obriguem os utilizadores a iniciar sessão antes de acederem a qualquer função ou caraterística do sistema.
- Para aceder ao sistema, qualquer membro deve estar devidamente registado como membro do pessoal nesta plataforma.
- O sistema deve ter uma página de gestão de clientes, produtos e fornecedores, através da qual o administrador do sistema pode gerir devidamente todo o processo do sistema.
- O sistema deve ser capaz de aplicar corretamente o modelo de regressão linear utilizando a fórmula.
- O sistema deve também permitir que os utilizadores mantenham um perfil em linha.

3.5 Conceção do sistema

A conceção de um sistema de gestão implica a tradução da especificação dos requisitos numa forma física, o que exige a utilização de diferentes padrões para realizar o sistema pretendido.

3.5.1 Conceção lógica

A conceção lógica converte a especificação dos requisitos do sistema num modelo de sistema, implementando as principais características do sistema.

3.5.2 Controlos do sistema

A entrada e a saída são controladas através da validação automática da palavra-passe de acesso ao sistema As sessões são utilizadas para manter o registo do utilizador e dos dados de uma página para outra.

3.6 Fluxograma do sistema de atribuição de projectos em linha

Um fluxograma é um tipo comum de diagrama que representa um algoritmo ou processo, mostrando os passos como caixas de vários tipos e a sua ordem ligando-as com setas. Esta representação diagramática pode dar uma solução passo a passo para um determinado problema. Os dados são representados nestas caixas e as setas que as ligam representam o fluxo/direção do fluxo de dados. Os fluxogramas são utilizados para analisar, conceber, documentar ou gerir um processo ou programa em vários domínios. (Wikipedia fluxograma 2000)

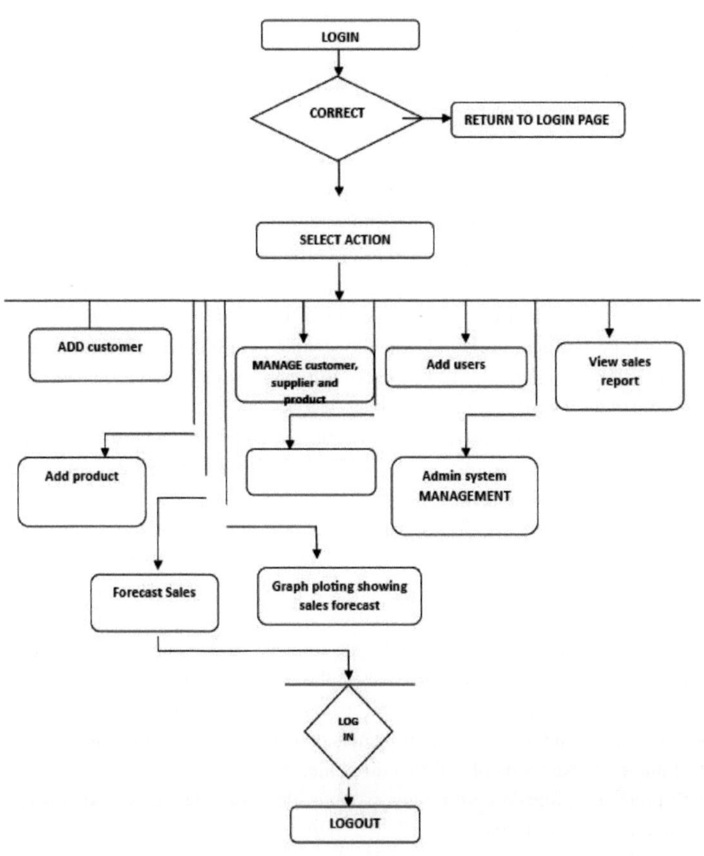
LOGIN
CORRECT
RETURN TO LOGIN PAGE
SELECT ACTION
ADD customer
MANAGE customer, supplier and product
Add users
View sales report
Add product
Admin system MANAGEMENT
Forecast Sales
Graph ploting showing sales forecast
LOG IN
LOGOUT

CAPÍTULO QUATRO

Implementação do sistema

4.1.0 Introdução

Este capítulo centra-se na implementação do sistema. As características das linguagens de implementação utilizadas nesta investigação - PHP e MYSQL - serão amplamente discutidas. Também são abordadas as estratégias de teste do sistema, os requisitos do computador de destino e os problemas de manutenção do software que podem surgir no sistema.

4.2.0 Características das linguagens de implementação

As linguagens de programação utilizadas na execução deste projeto são as linguagens de programação PHP (Hypertext Preprocessor) e MYSQL. O PHP é uma linguagem de script do lado do servidor de uso geral, originalmente concebida para o desenvolvimento da Web para produzir páginas Web dinâmicas. Também evoluiu para incluir uma capacidade de interface de linha de comandos e pode ser utilizada em aplicações gráficas autónomas.

As seguintes características fazem do PHP a linguagem de implementação preferida para este projeto: i. PHP tem a sua raiz em C e C++. A sintaxe do PHP é maioritariamente semelhante à sintaxe das linguagens C e C++, pelo que
os programadores consideram-no fácil de aprender e de manipular.

ii. O PHP pode ser executado tanto no UNIX como no Windows. Por isso, é compatível com vários
sistemas operativos.

iii. O PHP tem um poderoso buffer de saída que aumenta ainda mais o fluxo de saída. O PHP rearranja internamente o buffer para que o cabeçalho venha antes do conteúdo.

iv. O PHP é independente da plataforma: isto deve-se ao facto de ser analisado pelo navegador Web, pelo que não surgem problemas de compatibilidade quando o código escrito em PHP é transferido para uma plataforma diferente.

v. O PHP pode ser utilizado com muitos sistemas de gestão de bases de dados relacionais, funciona em todas as plataformas
os servidores Web mais populares e está disponível para muitos sistemas operativos diferentes.

vi. O PHP é uma linguagem de programação totalmente orientada para objectos e a sua independência de plataforma e velocidade em servidores LINUX ajudam a construir aplicações Web grandes e complexas.

vii. O PHP também atraiu o desenvolvimento de muitas estruturas que fornecem blocos de construção e estrutura de design para promover o desenvolvimento rápido de aplicações (RAD). Algumas delas incluem cake PHP, code igniter, Yii framework e Zend framework.

viii. O PHP IDS adiciona segurança a qualquer aplicação PHP para defender contra intrusões. O PHPIDS detecta cross-site scripting (XSS), injeção de SQL, injeção de cabeçalhos, passagem de directórios, execução remota de ficheiros, execução local de ficheiros e negação de serviço (DOS).

O MYSQL é um sistema de gestão de bases de dados relacionais escrito em C e C++, que funciona como um servidor que permite o acesso de vários utilizadores a várias bases de dados. O MYSQL é utilizado basicamente para criar uma estrutura de base de dados relacional num servidor para armazenar dados ou automatizar procedimentos. As características que se seguem fazem do MYSQL também uma linguagem de implementação preferida nesta investigação:

i. O MYSQL é escrito em C e C++ e testado com uma vasta gama de compiladores diferentes.
Funciona também em diferentes plataformas.
ii. Utiliza uma conceção de servidor multi-camadas com módulos independentes.
iii. Foi concebido para ser totalmente multi-threaded utilizando threads do kernel para utilizar facilmente múltiplos
CPUs se estiverem disponíveis.
iv. Trata-se de um sistema servidor/cliente. O servidor da base de dados (MYSQL) e os muitos clientes arbitrários (programas de aplicação) que comunicam com o servidor para consultar dados e guardar alterações.
v. O MYSQL foi concebido para tornar relativamente fácil a adição de outros motores de armazenamento. Isto é
útil se pretender fornecer uma interface SQL para uma base de dados interna.
vi. Fornece mecanismos de armazenamento transacional e não transacional, utiliza tabelas de disco B-tree muito rápidas com compressão de índices e um sistema rápido de atribuição de memória com base em threads.
vii. Executa junções muito rápidas utilizando uma junção optimizada de laços aninhados; implementa tabelas de hash na memória que são utilizadas como tabelas temporárias.
viii. Implementa funções SQL utilizando uma biblioteca de classes altamente optimizada que deve ser tão rápida quanto possível.
ix. Fornece o servidor como um programa separado para utilização num ambiente de rede cliente/servidor e como uma biblioteca que pode ser incorporada (ligada) em aplicações autónomas. Estas aplicações podem ser utilizadas isoladamente ou em ambientes onde não existe rede.

4.3.0 Estratégias de teste do sistema

Esta secção trata dos testes e da depuração dos programas e dos processos gerais envolvidos na realização dos objectivos dos requisitos do sistema. O teste do sistema é
O teste de sistema é realizado num sistema integrado completo para avaliar a conformidade do sistema com os requisitos especificados. O teste do sistema insere-se no âmbito do teste da caixa negra e, como tal, não deve exigir qualquer conhecimento da conceção interna do código ou da lógica. Durante o teste do sistema, o foco está no design do software, no comportamento e até nas expectativas do cliente. Por isso, podemos também referir-nos à fase de teste do sistema como a fase de teste de investigação do ciclo de vida do desenvolvimento do software. As estratégias de teste do sistema utilizadas neste sistema incluem o teste unitário e o teste de integração.

4.3.1 Teste unitário

O principal objetivo dos testes unitários é pegar na peça mais pequena de software testável da aplicação, isolá-la do resto do código e determinar se se comporta exatamente como se espera que se comporte. Cada unidade é testada separadamente antes de ser integrada em módulos para testar as interfaces entre os módulos. Os testes unitários provaram o seu valor na medida em que uma grande percentagem de defeitos é identificada durante a sua utilização.
A abordagem mais comum aos testes unitários requer a escrita de drivers e stubs. O driver simula uma unidade de chamada, e o stub simula uma unidade chamada. O investimento de
O tempo que o programador dedica a esta atividade resulta, por vezes, na despromoção dos testes unitários para um nível inferior de prioridade, o que é quase sempre um erro. Embora os drivers e stubs custem tempo e dinheiro, os testes unitários oferecem algumas vantagens

inegáveis. Permite a automatização do processo de teste, reduz as dificuldades em descobrir erros contidos em partes complexas da aplicação. Durante o teste unitário da aplicação, os erros detectados pelo investigador foram rectificados
e o resultado foi satisfatório.

4.3.2 Teste de integração

Os testes de integração são uma extensão lógica dos testes unitários. Na sua forma mais simples, as unidades que já foram testadas são combinadas num componente e a interface entre elas é testada. Um componente, neste sentido, refere-se a um agregado integrado de mais de uma unidade. Num cenário realista, muitas unidades são combinadas em componentes, que por sua vez são agregados em partes ainda maiores do programa. A ideia é testar a combinação de peças e, eventualmente, expandir o processo para testar os seus módulos com os de outros grupos. O teste de integração pode ser efectuado de várias formas, incluindo a abordagem descendente, a abordagem ascendente e a abordagem global.

No teste de integração do software, foram obtidos resultados satisfatórios do teste utilizando a abordagem ascendente.

4.4.0 Requisitos do sistema do computador de destino

Esta secção considera os requisitos que devem ser cumpridos pelo sistema de destino para permitir que a aplicação de software desenvolvida funcione conforme necessário. Os requisitos do sistema informático de destino serão discutidos na área dos requisitos de software e hardware.

Componente	**Requisito**
Sistema operativo	Windows 2000, XP, Vista
Memória	128MB ou superior
Base de dados	MySQL 5
Servidor Web	Servidor WAMP

Quadro 4.1: requisitos de software para o sistema informático de destino

Componente	**Requisito**
RAM	256MB de RAM
Disco rígido	10 GB de espaço no disco rígido
Processador	333Hz ou superior

Tabela 4.2: Requisitos de hardware para o sistema informático de destino

4.5.0 Questões relacionadas com a manutenção do software

Esta secção centra-se nas questões de manutenção do software. A manutenção de software é a modificação de um produto de software após a sua entrega para corrigir falhas, melhorar o desempenho ou outros atributos do produto ou para o adaptar a um ambiente novo ou em mudança. Serve também como uma oportunidade para melhorar o desempenho do software de modo a satisfazer as necessidades dos utilizadores, se for necessário melhorar ou alterar os requisitos dos utilizadores.

Nesta investigação, a manutenção pode ser vista em três domínios: manutenção correctiva, manutenção preventiva e manutenção adaptativa.

4.5.1 Manutenção correctiva

A manutenção correctiva é uma tarefa de manutenção realizada para identificar, isolar e retificar uma falha, de modo a que o sistema avariado possa ser reposto num estado operacional dentro das tolerâncias ou limites estabelecidos para as operações em serviço. As correcções necessárias sob a forma de remoção, alteração ou adição de módulos de programa devem ser permitidas pelo software para permitir uma utilização óptima da aplicação.

4.5.2 Manutenção preventiva

Trata-se de um calendário de acções de manutenção planeadas que visam a prevenção de avarias e falhas. O principal objetivo da manutenção preventiva é evitar a falha do software antes que ela ocorra. Foi concebida para preservar e aumentar a fiabilidade do software através da substituição de componentes propensos a erros antes de estes falharem. Os recentes avanços tecnológicos nas ferramentas de inspeção e diagnóstico permitiram uma manutenção mais precisa e eficaz do software. Medidas como o diagnóstico regular, as cópias de segurança das bases de dados e a criação de espelhos do sistema preservam a integridade das informações armazenadas na aplicação. Se estas medidas forem estritamente seguidas, verificar-se-ão casos limitados de tais ocorrências na utilização da aplicação informática.

4.5.3 Manutenção adaptativa

Trata-se de melhorar o sistema, acrescentando-lhe características, capacidades e funções em resposta a novas tecnologias, actualizações, novos requisitos ou novos problemas. Uma vez que o ambiente em que a aplicação será executada é dinâmico, deve ser adaptada a quaisquer requisitos que possam mudar a longo prazo.

4.6 Captura de ecrã do sistema proposto

Painel de controlo

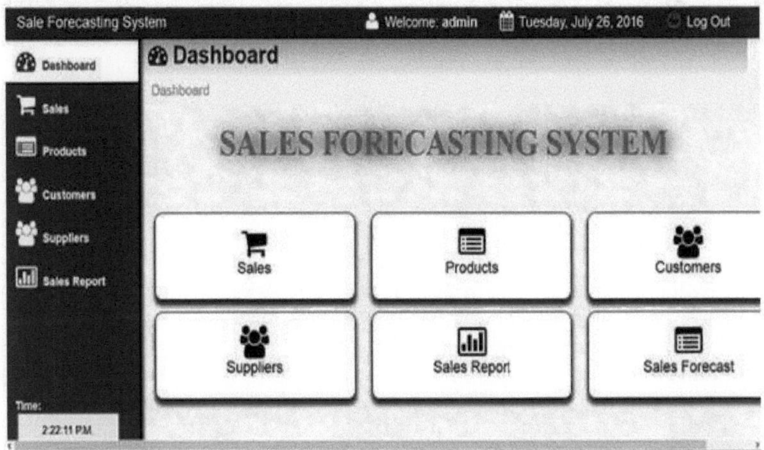

Previsão de vendas

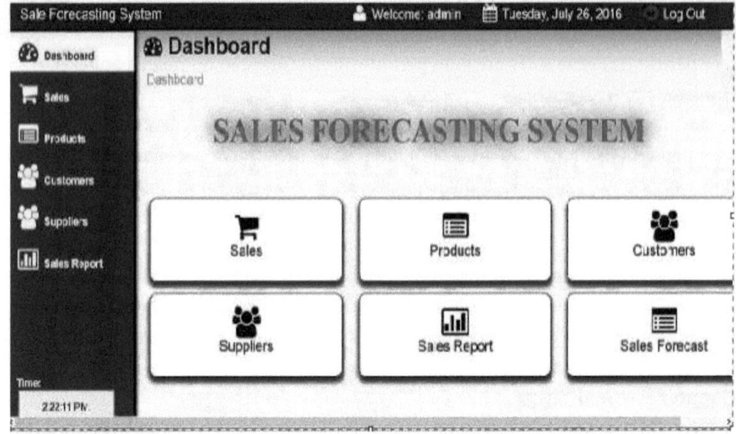

Página de previsão

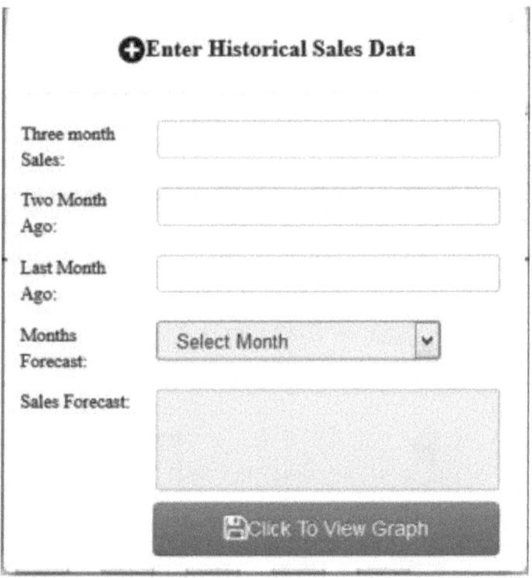

Sistema de vendas

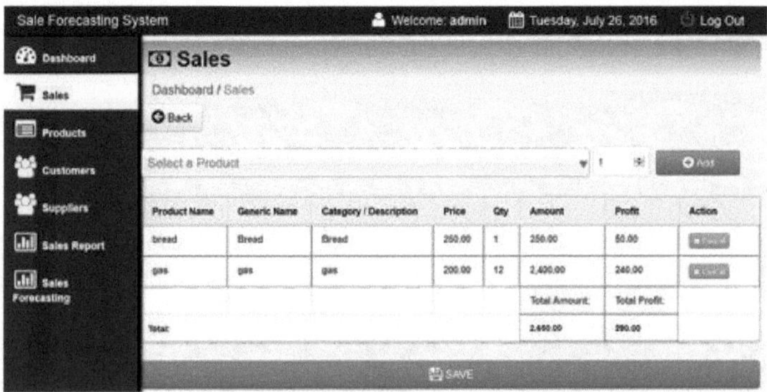

Recibo de venda

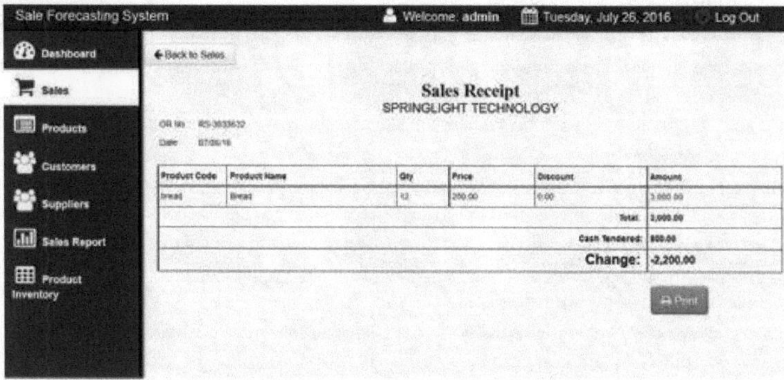

CAPÍTULO CINCO

Resumo, conclusão e recomendação

5.1 Resumo

O objetivo desta investigação é criar um sistema de previsão de vendas que automatize todas as vendas através de um sistema de POS, gerindo produtos, clientes, fornecedores e utilizadores em qualquer organização de forma mais flexível e fiável. Os tipos de sistemas existentes foram discutidos e reduzidos a "previsão de vendas utilizando um modelo de regressão linear que é o principal objetivo deste projeto. A história do sistema de previsão de vendas foi destacada. A conceção do sistema foi feita de acordo com os requisitos do sistema. O desenho do sistema inclui um diagrama de actividades que mostra as actividades e acções do sistema. A implementação do software foi bem sucedida.

5.2 Conclusão

Um sistema de previsão de vendas melhora as actividades comerciais das grandes, médias e pequenas empresas. Por conseguinte, é aconselhável que todas as empresas que se ocupam da gestão das suas vendas e do conhecimento das previsões de vendas na Nigéria adoptem este sistema, que é mais fiável, flexível e orientado para os resultados.

O software resultante será benéfico para os indivíduos que gerem os seus / numa empresa ou em qualquer instituição financeira.

5.3 Recomendação

O software desenvolvido para a implementação desta investigação pode ser utilizado por qualquer empresa para gerir adequadamente as vendas, os produtos, os clientes, os fornecedores e as previsões de vendas. São propostas as seguintes recomendações:

- O administrador deve garantir a atualização adequada dos registos de produtos, clientes e fornecedores e administrar funções para autorizar o pessoal para o acesso de nível.
- O administrador deve criar palavras-passe com caracteres longos para dificultar a pirataria de palavras-passe.
- Os utilizadores do sistema devem garantir a guarda da palavra-passe, uma vez que esta permite o acesso ao sistema.

REFERÊNCIAS

- Berkun, S. (2005). Sales Managemen.U sa, O'Reilly Media.
- Brooks, F. (1995). O Mês do Homem Mítico.Miami, Wesley Press .
- Chanmoum, Y. (2006).Gestão profissional de projectos de vendas. O Guia, Mixico, Mc Graw Hill.
- Comninos, D. et al (2002), The Pratice of Sales of Processing.
- David A., C. P. (2010). Teoria e Prática da Acessibilidade na Web. A revista dos educadores online , pg. 23.
- Nova Iorque, McGraw Hill.
- Flyvberg, B. (2006). Distribuição e venda da produção. Obtendo direitos de risco. Newyok, Corol Press.
- Heerkens, G. (2001). Effective Sales of Point (the Briefcase Book Series). Nova Iorque, McGraw Hill.
- isoftwarereviews.com/adobe-dreamweaver/. (n.d.). Recuperado em 22 de dezembro de 2016, de isoftwarereviews.com. isoftwarereviews.com/serif-webplus/. (n.d.). Recuperado em 22 de dezembro de 2016, de iSoftwareReview.com: isoftwarereviews.com
- isoftwarereviews.com/web-design-software/. (n.d.). Recuperado em 22 de dezembro de 2016, de iSoftwareReviews.com: isoftwarereviews.com
- Meer, P. v. (2009). Construtor Web WYSIWYG 6.0. Pablo Software Solutions.
- Lewis, J. (2002). Fundamentos de Gestão de Vendas México, Mc Grawhill.
- Regressão Linear (2016) https://en.wikipedia.org/wiki/Linear_regression Meredith, J. et al (2002). Sales Decision. Miami, Wesley Press.
- Petee, S. (2005).Probelsms and Proposed Solutions of Sales of Processign System. Miami, Wesley press.
- Base da análise de regressão (2009) http://www.investopedia.com/articles/financial-theory/09/regression-analysis- basics-business.asp
- Reilly, O. (n.d.). Microsoft Express Web. Pcworld Recuperado de http://www.pcworld.com/article/id129575/article.html.
- Previsão de vendas (2016) http://www.vanguardsw.com/sales-forecasting/ Verzuh, E. (2005). Sistema de Gestão de Vendas.Miami,wesley press.
- Whitty, S. (2005).A Menetic Paradigm of Sales Management.
- Nova Iorque, McGraw Hill.
- Whitty, S. et al (2007).The Impact of Puritan Ideology on Aspects of Management.Newyork,McGraw Hill.
- isoftwarereviews.com/adobe-dreamweaver/. (n.d.). Recuperado em 22 de dezembro de 2016, de isoftwarereviews.com. isoftwarereviews.com/serif-webplus/. (n.d.). Recuperado em 22 de dezembro de 2016, de iSoftwareReview.com: isoftwarereviews.com
- isoftwarereviews.com/web-design-software/. (n.d.). Recuperado em 22 de dezembro de 2016, de iSoftwareReviews.com: isoftwarereviews.com
- Meer, P. v. (2009). Construtor Web WYSIWYG 6.0. Pablo Software Solutions.
- Pual R. Harper, V. d. (maio de 2015). Um algoritmo genético para o problema de atribuição de projectos. Em Computadores e investigação operacional (pp. 1255 - 1265).
- Reilly, O. (n.d.). Microsoft Express Web. Pcworld Retrieved from http://www.pcworld.com/article/id129575/article.html. www.isoftreviews.com/namo-webeditor/. (n.d.). Recuperado em 22 de dezembro de 2016, de iSoftReviews.com:
- www.isoftreviews.com
- www.isoftware.com/webeasy-professional/. (n.d.). Recuperado em 22 de dezembro de 2016, de iSoftwareReview.com: www.isoftware.com www.isoftwarereviews.com/coffeecup-visual-site-designer/. (n.d.). Recuperado em 22 de dezembro de 2016, de iSoftwareReviews.com: isoftwarereviews.com www.isoftwareReviews.com/evrsoft-first-page/. (n.d.). Recuperado em 22 de dezembro de 2016, de iSoftwareReviews.com: isoftwareReviews.com www.isoftwarereviews.com/html-kit-tools/. (n.d.). Recuperado em 22 de dezembro de 2016, de
- iSoftwareReviews.com: www.isoftwarereview.com
- www.isoftwarereviews.com/netobjects-fusion/. (n.d.). Recuperado em 22 de dezembro de 2016, de
- iSoftwareReviews: www.isoftwarereviews.com

• www.isoftwarereviews.com/web-design-software-reviews/. (n.d.). Recuperado em 22 de dezembro de 2016, de iSoftwareReviews.com: www.isoftwarereviews.com

APÊNDICE

APÊNDICE A: JANELA DO ECRÃ

Painel de controlo

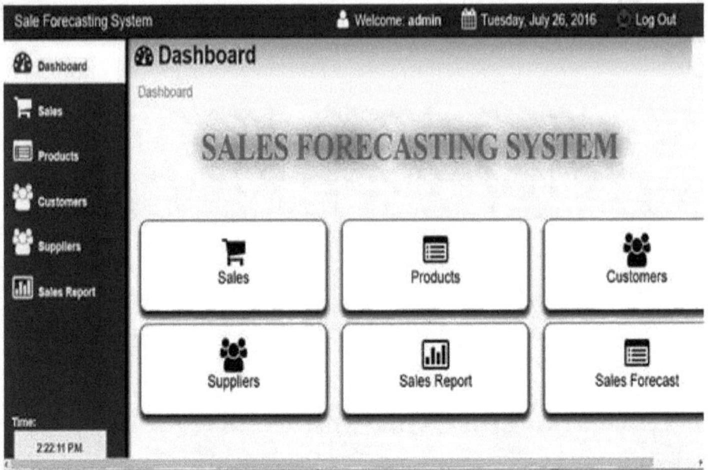

Página de previsão

Sistema de vendas

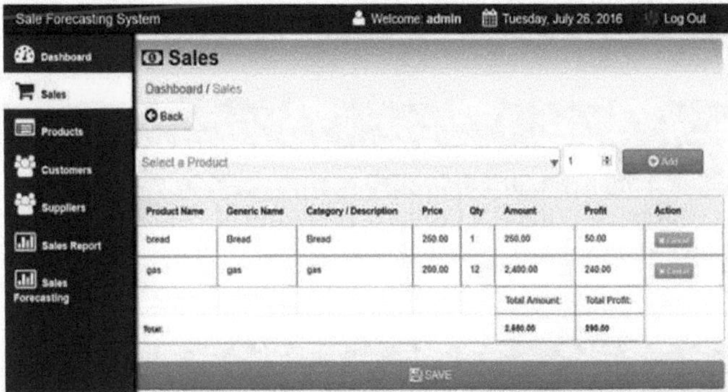

Recibo de venda

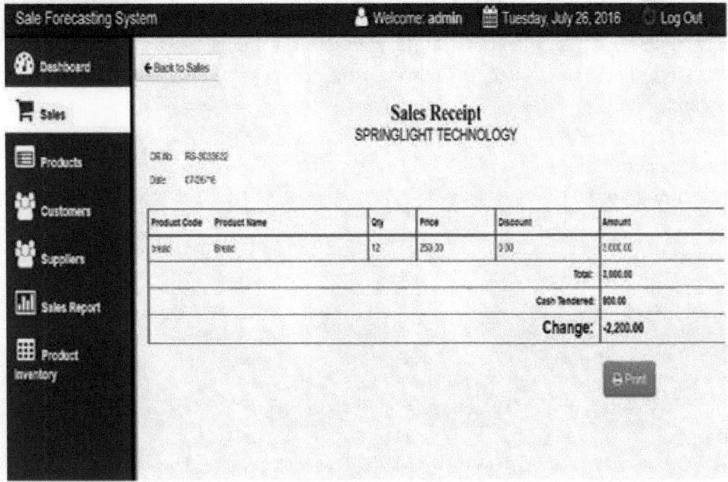

Apêndice B: Código-fonte do sítio Web

```
<?php
/Iniciar sessão
session_start();
//Anular as variáveis armazenadas na sessão
unset($_SESSION['SESS_MEMBER_ID']);
unset($_SESSION['SESS_FIRST_NAME']);
unset($_SESSION['SESS_LAST_NAME']);
?>
<html>
<head>
<title>Sistema de previsão de vendas</title>
<link rel="ícone de atalho" href="main/images/pos.jpg">
<link href="main/css/bootstrap.css" rel="stylesheet">
<link rel="stylesheet" type="text/css" href="main/css/DT_bootstrap.css">
<link rel="stylesheet" href="main/css/font-awesome.min.css">
<style type="text/css">
corpo {
enchimento superior: 60px;
padding-bottom: 40px;
}
.sidebar-nav {
padding: 9px 0;
}
</style>
<link href="main/css/bootstrap-responsive.css" rel="stylesheet">
<link href="style.css" media="screen" rel="stylesheet" type="text/css" />
</head>
<body>
<div class="contentor-fluido">
<div class="row-fluid">
<div class="span4">
</div>
</div>
<div id="login">
<?php
se( isset($_SESSION['ERRMSG_ARR']) && is_array($_SESSION['ERRMSG_ARR']) &&
count($_SESSION['ERRMSG_ARR']) >0 ) {
foreach($_SESSION['ERRMSG_ARR'] as $msg) {
echo '<div style="color: red; text-align: center;">',$msg,'</div><br>';
}
unset($_SESSION['ERRMSG_ARR']);
}
?>
<form action="login.php" method="post">
```

```
<font style=" font:bold 44px 'Aleo'; text-shadow:1px 1px 15px #000;
color:#fff;"><center>Sistema de previsão de vendas</center></font>
<br>
<div class="input-prepend
<span style="height:30px; width:25px;" class="add-on"><i class="icon-user icon-2x"></i></span><inputstyle= "height:40px; " type="text " name="username" Placeholder="Nome de utilizador" obrigatório/><br>
</div>
<div class="input-prepend">
<span style="height:30px; width:25px;" class="add-on"><i class="icon-lock icon-2x"></i></span><inputtype="password " style="height:40px; " name="password" Placeholder="Password" obrigatório/><br>
</div>
<div class="qwe">
<button class="btn btn-large btn-primary btn-block pull-right" href="dashboard.html" type="submit"><i class="icon-signin icon-large"></i> Login</button>
</div>
</form>
</div>
</div>
</div>
</div>
</body>
</html>
```

Apêndice C: Código-fonte da base de dados

```
-   - Dump SQL do phpMyAdmin
-   - versão 3.5.4
-   - http://www.phpmyadmin.net
-   - Anfitrião: localhost
-   - Tempo de geração: Jul 26, 2016 às 04:56 PM
-   - Versão do servidor: 5.5.28-log
-   - Versão PHP: 5.4.9
SET SQL_MODE="NO_AUTO_VALUE_ON_ZERO";
SET time_zone = "+00:00";
/*!40101 SET @OLD_CHARACTER_SET_CLIENT=@@CHARACTER_SET_CLIENT
*/;
/*!40101 SET
@OLD_CHARACTER_SET_RESULTS=@@CHARACTER_SET_RESULTS */;
/*!40101 SET @OLD_COLLATION_CONNECTION=@@COLLATION_CONNECTION
*/;
/*!40101 SET NAMES utf8 */;
-- Base de dados: 'sales_pos'
-- Estrutura de tabela para a tabela "coleção
CREATE TABLE IF NOT EXISTS "coleção" (
'transaction_id' int(11) NOT NULL AUTO_INCREMENT,
'date' varchar(100) NOT NULL,
```

```
'name' varchar(100) NOT NULL,
'fatura' varchar(100) NOT NULL,
'amount' varchar(100) NOT NULL,
'observações' varchar(100) NOT NULL,
'balance' int(11) NOT NULL,
PRIMARY KEY ('transaction_id')
) ENGINE=InnoDB DEFAULT CHARSET=latin1 AUTO_INCREMENT=1 ;
-- Estrutura de tabela para a tabela 'customer'
CREATE TABLE IF NOT EXISTS 'customer' (
'customer_id' int(11) NOT NULL AUTO_INCREMENT,
'customer_name' varchar(100) NOT NULL,
'address' varchar(100) NOT NULL,
'contacto' varchar(100) NOT NULL,
'membership_number' varchar(100) NOT NULL,
'prod_name' varchar(550) NOT NULL,
'expected_date' varchar(500) NOT NULL,
'note' varchar(500) NOT NULL, PRIMARY KEY (' customer_id' )
) ENGINE=InnoDB DEFAULT CHARSET=latin1 AUTO_INCREMENT=16 ;
--
-- Descarregando dados para a tabela 'customer'
INSERT INTO 'customer' ('customer_id', 'customer_name', 'address', 'contact',
'membership_number', 'prod_name', 'expected_date', 'note') VALUES
(15, 'charles', '48 udobio', '07035700945', '', 'Gass', '', '');
-- Estrutura de tabela para a tabela 'products'
CREATE TABLE IF NOT EXISTS 'products' (
'product_id' int(11) NOT NULL AUTO_INCREMENT,
'product_code' varchar(200) NOT NULL,
'gen_name' varchar(200) NOT NULL,
'product_name' varchar(200) NOT NULL,
'cost' varchar(100) NOT NULL,
'o_preço' varchar(100) NOT NULL,
'price' varchar(100) NOT NULL,
'profit' varchar(100) NOT NULL,
'supplier' varchar(100) NOT NULL,
'onhand_qty' int(10) NOT NULL,
'qty' int(10) NOT NULL,
'qty_sold' int(10) NOT NULL,
'expiry_date' varchar(500) NOT NULL,
'date_arrival' varchar(500) NOT NULL, PRIMARY KEY ('product_id')
) ENGINE=InnoDB DEFAULT CHARSET=latin1 AUTO_INCREMENT=60 ;
-- Descarregando dados para a tabela 'products'
INSERT INTO 'products' ('product_id', 'product_code', 'gen_name', 'product_name', 'cost',
'o_price', 'price', 'profit', 'supplier', 'onhand_qty', 'qty', 'qty_sold', 'expiry_date', 'date_arrival')
VALUES
(58, 'gas', 'gas', 'gas', ' gas ', '', '180', '200', '20', '', 0, 150, 200, 'May-02-2018', 'May-02-2016'),
(59, 'bread', 'Bread', 'Bread ', '', '200', '250', '50', '', 0, 12, 30, 'May-12-2016', 'May-12-2016');
```

```
-- Estrutura da tabela 'compras'
CREATE TABLE IF NOT EXISTS "compras" (
'transaction_id' int(11) NOT NULL AUTO_INCREMENT,
'invoice_number' varchar(100) NOT NULL,
'date' varchar(100) NOT NULL,
'suplier' varchar(100) NOT NULL,
'observações' varchar(100) NOT NULL,
PRIMARY KEY ('transaction_id')
) ENGINE=InnoDB DEFAULT CHARSET=latin1 AUTO_INCREMENT=1 ;
-- Estrutura de tabela para a tabela 'purchases_item'
CREATE TABLE IF NOT EXISTS 'purchases_item' (
'id' int(11) NOT NULL AUTO_INCREMENT,
'name' varchar(100) NOT NULL,
'qty' int(11) NOT NULL,
'cost' varchar(100) NOT NULL,
'fatura' varchar(100) NOT NULL,
PRIMARY KEY ('id')
) ENGINE=InnoDB DEFAULT CHARSET=latin1 AUTO_INCREMENT=1 ;
-- Estrutura de tabela para a tabela 'sales'
CREATE TABLE IF NOT EXISTS 'sales' (
'transaction_id' int(11) NOT NULL AUTO_INCREMENT,
'invoice_number' varchar(100) NOT NULL,
'cashier' varchar(100) NOT NULL,
'date' varchar(100) NOT NULL,
'type' varchar(100) NOT NULL,
'amount' varchar(100) NOT NULL,
'profit' varchar(100) NOT NULL,
'due_date' varchar(100) NOT NULL,
'name' varchar(100) NOT NULL,
'balance' varchar(100) NOT NULL,
PRIMARY KEY ('transaction_id')
) ENGINE=InnoDB DEFAULT CHARSET=latin1 AUTO_INCREMENT=151 ;
-    - Descarregamento de dados para a tabela "vendas
INSERT INTO 'sales' ('transaction_id', 'invoice_number', 'cashier', 'date', 'type', 'amount',
'profit', 'due_date', 'name', 'balance') VALUES
(142, 'RS-3923200', 'Admin', '05/02/16', 'cash', '2400', '240', '2400', 'chares', ''),
(143, 'RS-0523', 'Admin', '05/03/16', 'cash', '1400', '140', '14000', '', ''),
(144, 'RS-2282032', 'Administrador', '05/09/16', 'dinheiro', '1400', '140', '20000', '', ''),
(145, 'RS-0222225', 'Admin', '05/12/16', 'cash', '500', '100', '600', '', ''),
(146, 'RS-00322222', 'Admin', '07/22/16', 'cash', '200', '20', '200', '', ''),
(147, 'RS-233023', 'Admin', '07/22/16', 'cash', '1200', '120', '1200', '', ''),
(148, 'RS-4223222', 'Admin', '07/22/16', 'cash', '200', '20', '200', '', ''),
(149, 'RS-234204', 'Admin', '07/25/16', 'cash', '250', '50', '200', '', ''),
(150, 'RS-3033632', 'Admin', '07/26/16', 'cash', '3000', '600', '800', '', '');
-    - Estrutura de tabela para a tabela 'sales_order'
CREATE TABLE IF NOT EXISTS 'sales_order' (
```

```
'transaction_id' int(11) NOT NULL AUTO_INCREMENT,
'fatura' varchar(100) NOT NULL,
'product' varchar(100) NOT NULL,
'qty' varchar(100) NOT NULL,
'amount' varchar(100) NOT NULL,
'profit' varchar(100) NOT NULL,
'product_code' varchar(150) NOT NULL,
'gen_name' varchar(200) NOT NULL,
'name' varchar(200) NOT NULL,
'price' varchar(100) NOT NULL,
'discount' varchar(100) NOT NULL,
'date' varchar(500) NOT NULL,
PRIMARY KEY ('transaction_id')
) ENGINE=InnoDB DEFAULT CHARSET=latin1 AUTO_INCREMENT=335 ;
-   - Descarregamento de dados para a tabela "sales_order
INSERT INTO 'sales_order' ('transaction_id', 'invoice', 'product', 'qty', 'amount', 'profit',
'product_code', 'gen_name', 'name', 'price', 'discount', 'date') VALUES
(315, 'RS-3923200', '58', '12', '2400', '240', 'gas', 'gas', 'gas', 'gas', '200', '', '05/02/16'),
(316, 'RS-0523', '58', '7', '1400', '140', 'gás ',' gás',' gás ', ' 200',
    '', '05/03/16'),
(317, 'RS-238232', '58', '1', '200', '20', 'gas ', 'gas', ' gas ',
    '200', '', '05/03/16'),
(318, 'RS-879920', '58', '1', '200', '20', 'gas ', 'gas', ' gas ',
    '200', '', '05/09/16'),
(319, 'RS-879920', '58', '1', '200', '20', 'gas ', 'gas', ' gas ',
    '200', '', '05/09/16'),
(320, 'RS-2282032', '58', '1', '200', '20', 'gas', 'gas', 'gas', 'gas', '200', '', '05/09/16'),
(321, 'RS-2282032', '58', '5', '1000', '100', 'gas', 'gas', 'gas', 'gas', '200', '', '05/09/16'),
(322, 'RS-2282032', '58', '1', '200', '20', 'gás', 'gás', 'gás', '200', '', '05/09/16'),
(323, 'RS-0222225', '59', '1', '250', '50', 'pão', 'Pão', 'Pão ', '250', '', '05/12/16'),
(324, 'RS-0222225', '59', '1', '250', '50', 'pão', 'Pão', 'Pão ', '250', '', '05/12/16'),
(325, 'RS-423322', '59', '1', '250', '50', 'bread', 'Bread', 'Bread ', '250', '', '05/12/16'),
(326, 'RS-0232233', '59', '1', '250', '50', 'pão', 'Pão', 'Pão ', '250', '', '05/13/16'),
(327, 'RS-0232233', '58', '1', '200', '20', 'gas ', 'gas', ' gas ', '200', '',
'05/13/16'),
(328, 'RS-00322222', '58', '1', '200', '20', 'gas', 'gas', 'gas', 'gas', '200', '', '07/22/16'),
(329, 'RS-233023', '58', '6', '1200', '120', 'gas', 'gas', 'gas', 'gas', '200', '', '07/22/16'),
(330, "RS-4223222", "58", "1", "200", "20", "gás", "gás", "gás", "200", "200", "22/07/16"),
(331, 'RS-234204', '59', '1', '250', '50', 'pão', 'Pão', 'Pão', '250', '', '25/07/16'), (332, 'RS-
23362025', '59', '1', '250', '50', 'pão', 'Pão', 'Pão', '250', '', '26/07/16'), (333, 'RS-23362025', '58',
'12', '2400', '240', 'gás', 'gás', 'gás', '200', '', '26/07/16'), (334, 'RS-3033632', '59', '12', '3000',
'600', 'pão', 'Pão', 'Pão ', '250', '', '26/07/16');
-   - Estrutura de tabela para a tabela 'supliers'
CREATE TABLE IF NOT EXISTS 'supliers' (
'suplier_id' int(11) NOT NULL AUTO_INCREMENT,
'suplier_name' varchar(100) NOT NULL,
```

```
'suplier_address' varchar(100) NOT NULL,
'suplier_contact' varchar(100) NOT NULL,
'contact_person' varchar(100) NOT NULL,
'note' varchar(500) NOT NULL,
PRIMARY KEY ("suplier_id")
) ENGINE=InnoDB DEFAULT CHARSET=latin1 AUTO_INCREMENT=1 ;
-- Estrutura de tabela para a tabela 'user'
CREATE TABLE IF NOT EXISTS 'user' (
'id' int(11) NOT NULL AUTO_INCREMENT,
'username' varchar(100) NOT NULL,
'password' varchar(100) NOT NULL,
'name' varchar(100) NOT NULL,
'position' varchar(100) NOT NULL,
PRIMARY KEY ('id')
) ENGINE=InnoDB DEFAULT CHARSET=latin1 AUTO_INCREMENT=4 ;
-- Descarregamento de dados para a tabela 'user'
INSERT INTO 'user' ('id', 'username', 'password', 'name', 'position') VALUES
(1, 'admin', 'admin', 'Admin', 'admin'),
(2, "caixa", "caixa", "caixa de farmácia", "caixa"),
(3, 'admin', 'admin123', 'Administrador', 'admin');
/*!40101 SET CHARACTER_SET_CLIENT=@OLD_CHARACTER_SET_CLIENT */;
/*!40101 SET CHARACTER_SET_RESULTS=@OLD_CHARACTER_SET_RESULTS */;
/*!40101 SET COLLATION_CONNECTION=@OLD_COLLATION_CONNECTION */;
```

Printed by Books on Demand GmbH, Norderstedt / Germany